新・生命科学シリーズ

気孔 　—陸上植物の繁栄を支えるもの—

島崎研一郎／著

太田次郎・赤坂甲治・浅島　誠・長田敏行／編集

裳 華 房

Stomata Enabled the Plant to Prosper on Land

by

Ken-ichiro SHIMAZAKI

SHOKABO

TOKYO

JCOPY 〈出版者著作権管理機構 委託出版物〉

「新・生命科学シリーズ」刊行趣旨

　本シリーズは，目覚しい勢いで進歩している生命科学を，幅広い読者を対象に平易に解説することを目的として刊行する．

　現代社会では，生命科学は，理学・医学・薬学のみならず，工学・農学・産業技術分野など，さまざまな領域で重要な位置を占めている．また，生命倫理・環境保全の観点からも生命科学の基礎知識は不可欠である．しかし，奔流のように押し寄せる生命科学の膨大な情報のすべてを理解することは，研究者にとっても，ほとんど不可能である．

　本シリーズの各巻は，幅広い生命科学を，従来の枠組みにとらわれず，新しい視点で切り取り，基礎から解説している．内容にストーリー性をもたせ，生命科学全体の中の位置づけを明確に示し，さらには，最先端の研究への道筋を照らし出し，将来の展望を提供することを目標としている．本シリーズの各巻はそれぞれまとまっているが，単に独立しているのではなく，互いに有機的なネットワークを形成し，全体として生命科学全集を構成するように企画されている．本シリーズは，探究心旺盛な初学者および進路を模索する若い研究者や他分野の研究者にとって有益な道標となると思われる．

新・生命科学シリーズ
編集委員会

はじめに

　気孔は植物の表皮にある小孔である．葉や茎，根などと異なり肉眼的に認めがたく，顕微鏡を用いてはじめて見ることのできる小さな器官である．この小孔は，外気の CO_2 取り込みと葉内 H_2O の放出の制御を行う．このような気孔のガス交換能は，植物に興味があり本書を手にされる読者は，すでにご存知のことであろう．しかし，この単純な働きを備えることによって，植物は陸上への進出を果たし，地上をくまなくみどりで覆うことができるようになった．気孔は，陸上における植物の生存を可能にするのみならず，光を効果的に吸収する広い葉，背丈の高い植物，水や無機塩類の輸送を行う導管の形成と機能発揮に必須の役割を果たした．気孔の形成と進化がなければ，陸上は茶褐色で岩だらけの太古のままであるか，あるいは，川の流域の限られた地域のみが背丈の低い植物で覆われた世界であったと思われる．

　植物は気孔なしには上空にのびることも，高木の頂きに水を運ぶこともできない．1984 年にペルー高地に発見された気孔のない植物は，その端的な例である．この植物は，地面に張り付き，茎は地下に埋まり込み，他の植物の育たない寒冷な泥炭地で細々と棲息している．

　気孔の物語がはじまるのは，約 4 億 7 千万年前，植物が陸地に初めて進出したオルドビス紀からである．初期の陸上植物はせいぜい数 cm の高さで，葉をもたず，直射日光の届かない湿潤な岩陰に生きていただろう．一方，現生植物は，高い背丈をもち，広い葉を備え，強い陽の当たる内陸や乾燥した砂漠，熱帯から寒帯まで，さらに，林床の日陰など，異なる環境と地域に様々な種類が生育している．これを可能にした要因の 1 つは，気孔の存在と開閉の巧妙な制御の進化である．

　例えば，イネ科植物は，亜鈴型孔辺細胞を有する最も機能の優れた気孔を備え，迅速な気孔開閉により，高い光合成能と高い水利用効率を獲得した．トウモロコシやサトウキビが強い陽の当たる乾燥地で高い生産力を示し，

イネ，コムギなどが穀物生産の大部分を占めているのは偶然ではない．また，サボテンに代表される CAM（crassulacean acid metabolism）植物（具体的内容はコラム1.3を参照して頂きたいが）は，気孔の開閉時間を昼夜逆転させ，普通の植物が生存できない砂漠の生態系を支えている．

　多様で優れた機能の気孔を備えた現生植物に比べて，初期の維管束植物の子孫である小葉類やシダ類の気孔の開口部は小さく，応答は遅く，完全に閉じることもできず，これらの植物は今なお光の少ない湿潤な環境に生育するものが多い．気孔の働きは，植物の系統や種類，置かれた環境により大きく異なり，その違いは，気孔の機能進化と適応の長年にわたる試行錯誤の足跡でもある．本書の目標の1つは，気孔の進化の道筋をたどることである．

　一方，わが国には気孔の役割と機能をまとめた類書がない．気孔はガス交換を通して，植物の置かれた環境や種類に応じて多くの異なる役割を果たしている．また，光や植物ホルモン，CO_2 などに応答して開閉を制御し，その過程にはこれらの情報を受容する受容体，情報を標的に伝える情報伝達系，そして，標的となる膜輸送体など，生物学的に興味深い対象を含んでいる．目標の2つめは，気孔の開閉機構を通して，植物における光やホルモン，CO_2 の情報伝達とイオン輸送の具体例を示すことである．

　本書は，気孔の構造と基本的な性質（1章），基本的な役割と多様な役割（2章），構造の変遷と機能の進化（3章），光による開口と情報伝達（4章），アブシジン酸による閉鎖と情報伝達（5章），CO_2 に対する応答と情報伝達（6章），形成機構と進化型気孔の特徴（7章）から構成されている．4，5，6章はやや専門的なメカニズムに関することが中心になった．1，2，3，7章を読んで頂ければ，気孔の進化と植物との関係，気孔の役割のおおよそが理解できると思う．

　本書の内容は，生理学や生化学から分類学，系統学の関連する広範な分野にわたった．わたしの思い違いや誤解があるものと思う．読者や専門分野の方々に，ご指摘頂ければ大変有り難い．

　本書の執筆にあたり，多くの方々に助けて頂いた．本書を執筆する機会を与えて下さり，多くの重要なコメントや文言の訂正をして頂いた東京大学名誉教授

長田敏行先生に，深く感謝申し上げる．また，東京大学の末次憲之さんには，全体にわたって注意深く読んで頂き，内容と言葉遣いを含めて，多くの重要なコメントを頂いた．名古屋大学の木下俊則さん，高橋洋平さん，林 優紀さんには，気孔開閉の分子機構に関して貴重な助言を頂いた．広島大学の嶋村正樹さんには，コケ植物の特質について，ご教示を頂いた．岡山大学の宗正晋太郎さんには，パッチクランプ法に関わる電気生理学と気孔の病原応答について，ご教示を頂いた．日々の研究で，お忙しい中にもかかわらず，わたしのお願いを聞き入れてくださり，心よりお礼申し上げる．国内外から提供して頂いた写真を，本書に掲載した．これらを提供して下さった方々には，その来歴を記してご厚情に感謝したいと思う．最後に，裳華房 編集部の野田昌宏氏には，なかなか進まない執筆に激励を頂き，わたしのたびかさなる要請に応じて下さり，忍耐強く編集作業を進めて頂いた．心より感謝申し上げる．

2023 年 7 月　福岡にて

島崎 研一郎

■ 目　次 ■

遺伝子やタンパク質の表記に関して
　本書では一般に，遺伝子の名称と略称は大文字斜体で，その産物のタンパク質の名称と略称は大文字立体で，遺伝子の変異体は斜体の小文字で表した．

1章 気孔の構造

気孔の存在部位，構造，それを支える周辺の構造について解説する．また，初期陸上植物の気孔の構造，気孔が植物の陸上化に果たした役割，気孔の進化が植物の生育領域の拡大をもたらしたこと，地球の水や CO_2 の循環に大きな役割を担っていることなどを述べる．さらに，気孔の基本的な機能，生育環境や種類，進化レベルの違いにより様々な働きができることについて述べる．気孔が葉の形成に必須であったこと，気孔の無い不便な生活をする植物についても紹介する．

1.1 気孔の誕生と植物の陸上進出

気孔の物語の前に，地球環境の変遷と植物の陸上化の歴史を学んでおくのが良いだろう．植物の陸上進出は 4.7 億年前のオルドビス紀といわれ，地球の 46 億年の歴史においては大昔のことではない[1-1]（表 1.1）．

表 1.1 地質年代における植物の陸上進出と進化

地質年代	億年前	時期 (億年前)	生物事象
カンブリア紀	(5.4〜4.9)	5.25	海洋におけるカンブリア爆発
オルドビス紀	(4.9〜4.4)	4.70	植物の陸上進出
シルル紀	(4.4〜4.2)	4.32	最古の気孔化石クックソニア
デボン紀	(4.2〜3.6)	4.2	ライニーチャート（アグラオフィトンなど）
		3.8	アーケオプテリスなど最古の森林
石炭紀	(3.6〜3.0)		小葉類，リンボク，ロボクなどの大森林
ペルム紀	(3.0〜2.5)	2.5	ペルム紀末の大量絶滅
三畳紀	(2.5〜2.0)	2.3	裸子植物の繁栄
ジュラ紀	(2.0〜1.5)	1.8	恐竜の繁栄
白亜紀	(1.5〜0.66)	1.25	被子植物の出現
		0.7	イネ科植物の誕生
		0.66	白亜紀末の大量絶滅
新生代	(0.66〜現在)	0.45	C_4 光合成の誕生

　原始地球の酸素濃度は現在の10万分の1以下のレベルしかなく，100分の1になったのが20～25億年前，現在のレベルに達したのは約4～5億年前と考えられている．酸素を発生する光合成生物である藍色細菌（シアノバクテリア）が海中に出現したのは30億年以上前である．藍色細菌は海中の大量のCO_2やリンを利用して水を分解し，営々と酸素を発生し続け，酸素は長いあいだ海水に溶けた還元型鉄の酸化に消費されたが，海水に溶けきれなくなった酸素は大気に溢れ出て，大気の酸素濃度は徐々に上昇していった．藍色細菌の活動の名残は，死骸が層状に積み重なったストロマトライトや，酸化鉄の堆積した縞状鉄鉱床として知られ，世界各地で発見されている[1-2]．

　こうして，酸素の生成，蓄積は地球環境に変革をもたらし，5億年前までに成層圏オゾン層が形成され，オゾン層は地表に届く有害紫外線をさえぎるフィルターとして生物の陸上進出を支えていった．酸素を必要とする多種多様な生物が海中に劇的に増えたカンブリア爆発は，植物が陸上に進出する5000万年ほど前の5億2500万年前から5億500万年前の出来事である[1-1, 1-3]（表1.1）．

　このような環境で海中には多くの種類の藻類が発生しており，その中には陸上植物の起源になる緑藻も含まれ，その一群から進化し，糸状化したホシミドロなどの接合藻の仲間が，乾燥耐性をはじめとして陸上進出に必要な多くの遺伝子を獲得していった[1-4, 1-5]．こうして上陸した植物の子孫は，約4億7000万年前のオルドビス紀に原始的な気孔を備え，淡水の豊かな湿潤な環境，あるいは，日の当らない岩陰などから内陸に向かって生育領域を広げはじめただろう．しかし，植物の痕跡は，胞子や胞子嚢断片の化石が見つかるのみで，気孔の存在を示す明確な証拠は得られていない．気孔を備えた最古の植物化石，クックソニア（*Cooksonia pertoni*）が現れるのは，約4億3000万年前のシルル紀になってからである．この時代の植物の背丈は低く根も葉もない奇妙な形をしていたが，死骸は分解され，少しずつ腐植質の土を蓄積していっただろう．

　このような時期が長くつづいたあと，気孔と茎，根をもつ最も原始的な維管束植物が現れた．ヒカゲノカズラなどの小葉植物である（コラム1.1）．4

コラム 1.1
小葉植物

　われわれが目にする植物の多くは大葉植物で，双子葉植物では葉脈が網目状に，単子葉植物では平行に，葉全体に張り巡らされた扁平な葉をもっている．被子植物，裸子植物と（大葉）シダ植物が大葉植物に含まれる．それに対して，小葉植物は中心に一本の葉脈を有し，細長い棒状の，あるいは，トゲのような葉をもつ．小葉植物は，維管束植物の祖先から4億2000万年前のデボン紀初期に分岐した植物群であり，種子を作らず胞子で増える．

　観葉植物として多くの種類が知られ，フペルジアのように鉢からトゲ状の葉をたらしたもの，イワヒバのように鱗葉を岩の上に密生させたものなどがある．ヒカゲノカズラ，ミズニラなどが含まれる．絶滅したリンボクなどの化石小葉植物が存在することから，ヒカゲノカズラ類は植物の生きた化石とも呼ばれる．茎，根などが未発達で，最近の研究によれば，ヒカゲノカズラの根は茎の一部であるとされる．マツなどの針葉樹の葉は小葉に類似しているが，大葉植物が小葉様の葉を二次的に獲得したものである．

億年前のデボン紀初期，大気の CO_2 は現在の10倍以上の高濃度で（図1.1），デボン紀を経て石炭紀になると樹高40 m に達するリンボクなどの巨大な小葉植物や，ロボクなどのトクサの近縁種が沼沢地に森林を形成し，大量の CO_2 の吸収と酸素の発生を継続した．こうして，シルル紀から1億年をへた石炭紀後期には CO_2 は現在の濃度まで激減し，酸素濃度は35％を越えたといわれる [1-1, 1-6]（図1.1）．巨大な樹木が鬱蒼と繁るなか，広げた翼が70 cm を越える巨大トンボが飛び，体長3 m に達する巨大ムカデが這いまわっていた時代である [1-3]．

　小葉植物は胞子で増殖し，種子を作ることはできない．しかし，その共通祖先から胞子で増殖し大葉を備えたシダ植物を生じ，3億7000万年前頃に

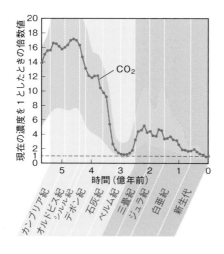

図 1.1　顕生代の大気 CO_2 濃度の推定値
　縦軸の値は，大気 CO_2 濃度（1994 年：360 ppm）を 1 としたときの倍数値で示した．濃いピンクの部分は誤差範囲を示す．（Berner, 1994 より改変）

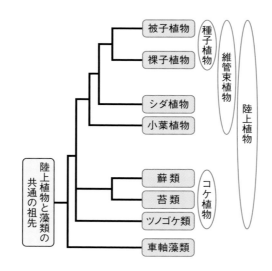

図 1.2　陸上植物の系統図
　陸上植物の分岐を示した．最も基部は，陸上植物と藻類の共通の祖先を表している．蘚類と苔類は 1 つの分岐群に属し，その分岐以前にツノゴケ類と分岐したことを想定した．（Sussmilch, 2019 より改変）

コラム 1.2
C_3 植物，C_4 植物

　葉肉細胞の代謝は気孔開閉に大きな違いを生じる．その例が，C_3 と C_4 植物の光合成である．光合成炭酸固定反応の最初の同化産物が，炭素数 3 の 3-ホスホグリセリン酸である植物を C_3 植物，炭素数 4 のオキサロ酢酸である植物を C_4 植物といい，陸上植物の 90% 以上が C_3 植物で，残りの 10% が C_4 植物である．C_4 植物は強光や乾燥などの環境に適応して，C_3 植物から進化したものである．イネ，ムギ，ダイズなどが C_3 植物で，トウモロコシ，サトウキビ，カヤツリグサなどが C_4 植物である．

　C_3 植物で最初に働く CO_2 固定酵素は Rubisco（リブロース -1,5-ビスリン酸カルボキシラーゼ／オキシゲナーゼ）で，カルビン回路を構成している．C_4 植物のトウモロコシでは PEPC（ホスホエノールピルビン酸カルボキシラーゼ）が PPDK（ピルビン酸・リン酸ジキナーゼ）の生成する PEP に HCO_3^- を結合させ OAA（オキサロ酢酸），ついでリンゴ酸を生成し，C_4 回路を構成している（コラム図1）．リンゴ酸は維管束鞘細胞に輸送され C_3 化合物のピルビン酸と CO_2 に分解され，CO_2 は Rubisco に再固定される．Rubisco の CO_2 に対する親和性は PEPC の HCO_3^- に対する親和性よりずっと低い．C_4 植物は C_4 回路とカルビン回路の両方をもち，カルビン回路に高濃度 CO_2 を供給し Rubisco の欠点を補っている．C_4 植物は気孔腔の CO_2 濃度を低く保つので，気孔を大きく開口しなくても CO_2 を十分に取り込むことができ，水利用効率も高くなる．C_3 植物の CO_2 補償点は 40 ～ 100 ppm で，C_4 植物では 2 ～ 5 ppm とされる．

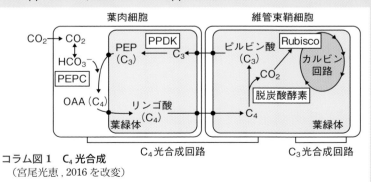

コラム図1　C_4 光合成
（宮尾光恵, 2016 を改変）

は種子で増える裸子植物が現れ，ついで，被子植物が分岐し急速に繁栄するようになった[1-7]（図1.2）．2億5000万年前のペルム紀末の大絶滅，恐竜の繁栄したジュラ紀などを経て，7000万年前の白亜紀末には，熱帯林の下層に亜鈴型孔辺細胞を備えた気孔を有するイネ科植物が誕生した．4500万年前に地球が乾燥期に入ると，イネ科植物は，気孔の優れた開閉能によって，ひらけて強光の当たる乾燥地にまで生育領域を拡大するようになった．この時期は，草食動物の多様化とC_4植物（コラム1.2）の発生を準備した期間である．これらの維管束植物は，その地域の気候と環境を変化させながら地球全体の環境を整えていったと思われる[1-8]（表1.1）．

1.2　最も古い気孔の化石

　植物が大地の乾いた環境に進出するには，地上部からの水の蒸発を抑えること，土壌から水を吸い上げ地上部に輸送すること，植物体を支えること，そして，大気からCO_2を取り込むことが必要である．体表面のクチクラ，強固な維管束と根，水とCO_2の通路としての気孔がこれらの要請を満たしている．これらは現生の陸上に生育する維管束植物のほとんどすべてに備わった構造で，種子植物では葉，茎，根が明確に分化し，体表面には気孔が備わり，それぞれの機能を十分に果たしている．しかし，初期の陸上植物がこれらの器官を備えていたわけではない．

　気孔をもつ植物の最も古い時代の化石はクックソニア（*Cooksonia pertoni*）で，イギリス，ウェールズのシュロップシャーで，4億2500万年前のシルル紀の堆積物から出土した[1-6, 1-9]．クックソニアは奇妙な形をしていた．二股に分かれた茎をもち，その先端に円盤状の胞子嚢を頂く高さ数cmの植物で，葉や根に相当する器官がなかった．気孔は胞子嚢を支える茎に見つかり，その形は現生植物のものと良く似ていた．クックソニアの気孔は，絶滅種，現生種を問わず最も大きなものの1つである（図1.3，図1.4）．クックソニアは，チェコの化石から4億3200万年前まで遡れる[1-2]（表1.1）．

　ついで，スコットランド，アバディーンのライニーで4億年前のデボン紀初期の泥炭堆積物中（ライニーチャート）に，クックソニアに類似の植物群

胞子嚢　　　　　　　　　　　　気孔

100 μm　　　　　　　　　　5 μm

図 1.3　クックソニアの走査型電子顕微鏡写真
シルル紀の後期からデボン紀の初期のクックソニア．左は胞子嚢
と茎を示し，右は気孔を示している．この標本は，イギリス，シュ
ロップシャー州，ブラウンクリーヒルで採取された．（Edwards
et al.,1992 より）

図 1.4　初期の陸上植物
クックソニアの全体像と
ライニー植物群のアグラ
オフィトン．いずれの植
物も二股に分枝した茎の
上部に胞子嚢を頂いて
いる．（伊藤元己，2012
より）

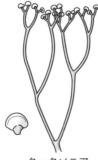
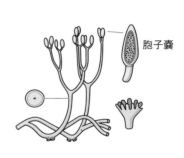

胞子嚢

クックソニア　　　　　アグラオフィトン

が発見された（表 1.1）．ライニー植物群は水に溶けたケイ素が植物体に浸透
し，二酸化ケイ素に変化し，化石化したもので，当時の植物の姿を細部まで
残していた[1-7, 1-10]．これらの絶滅した植物群も，根も葉も無く，アグラオフィ
トン（*Aglaophyton major*）では先端に胞子嚢を頂く二股に分枝した茎のみか
らなり，胞子嚢基部に気孔があった（図 1.4）．高木は存在せず，背丈の低い
植物に覆われた地表は遠くまで見渡せ，緑の絨毯のようであったと想像さ
れる．

7

1.3　気孔とは

これまで，化石に見られる初期陸上植物の気孔と植物の形態の特徴について述べてきた．以下には，改めて現生植物の気孔について詳しく見て行こう．

気孔（stoma：単数形，stomata：複数形）は，口を意味するギリシャ語に由来し，植物の表皮にある孔である（図1.5）．気孔の形状の代表例として，ソラマメ，ツユクサ，トウモロコシを挙げた（1.6節参照）．唯一の例外を除いて，すべての陸上維管束植物が気孔を有し，その形はこれらのいずれかに類似している．気孔を欠いた唯一の例外は，あとで触れる（1.7節参照）．気孔は，一対の孔辺細胞に囲まれ，この細胞の働きにより環境に応答して開閉する．維管束のないツノゴケ類や蘚類も気孔を備え，苔類は気孔をもたない．ツノゴケ類，蘚類にも気孔を欠くものがある．例外として蘚類には，気孔が1個の孔辺細胞からなり，中央にドーナツ状の気孔を生じるものがある（図3.17）．

表皮は疎水性のクチクラで覆われ，水はもちろん，水蒸気や CO_2 もほとんど通さず，これらの95%は葉の1〜2%の面積にすぎない気孔を通過する．クチクラは乾燥から身を守っており，クチクラがなければ葉は物干のタオルのように乾いてしまう．気孔は植物と大気間のガス交換の部位を限局し，開閉によってガス交換を制御することが，その役割である[1-11]．

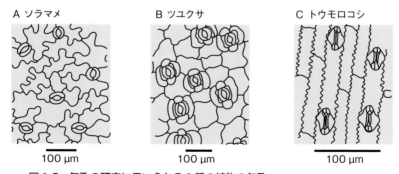

A ソラマメ　　　　　　B ツユクサ　　　　　　C トウモロコシ

100 μm　　　　　　100 μm　　　　　　100 μm

図1.5　気孔の研究に用いられる3種の植物の気孔
これらの植物はいずれも表皮の剥離がたやすく，顕微鏡下で気孔の観察が容易である．（Weyers & Meidner, 1990 より）

1.4 気孔はどこにある

気孔は葉や茎の表皮にあるだけではない．植物体の地上部表皮のどこにで
も存在する．花弁，萼片，おしべ（雄蕊），葯，めしべ（雌蕊），のぎ（芒：

表1.2 気孔の分布，密度と孔辺細胞の大きさ

		気孔密度 (mm^{-2})		孔辺細胞の大きさ (μm)	
		下面表皮	上面表皮	長さ	幅
シダ植物					
	コタニワタリ	59	0	77	21
	レガリスゼンマイ	67	0	56	19
草本植物					
双子葉					
	ヒマワリ	175	120	32	15
	ソラマメ	75	65	46	13
	タバコ	190	50	31	13
	シロイヌナズナ	194	103	20	7
単子葉					
	ツユクサ	67	19	48	12
	オオムラサキツユクサ	23	7	70	21
	タマネギ	175	175	42	19
	トウモロコシ	108	98	43	12
	パフィオペディルム	26	0	67	53
木本植物					
被子植物					
	アメリカハシバミ	347	0	37	-
	アメリカガシワ	909	0	10	-
	セイヨウシナノキ	370	0	25	9
	アメリカシナノキ	891	0	26	
裸子植物					
	ヨーロッパアカマツ	120	120	28	14
	ヨーロッパカラマツ	16	14	42	13
グネツム植物					
	ウェルウィッチア （奇想天外）	222	222	-	-

気孔密度や孔辺細胞の大きさは，植物の置かれた環境により大きく変動するこ
とがある．（Meidner & Mansfield，1968 と Willmer & Fricker，1996 より抜粋）
ウェルウィッチアは木本とは断定できない．

イネ，ムギなどイネ科植物のもみの先端にある剛毛状突起），花穎（かえい：イネ科の植物の小穂に見られる鱗状の包葉），成育中の果実（ブドウ，リンゴ，バナナ，トマトなど），エンドウのさや（鞘）などの表皮に存在する．イネ科植物の根茎やエンドウの主根，ジャガイモの地下茎などの表皮にも見られる[1-11]．

　草本植物では，気孔は葉の両面に存在し（両面気孔葉），通常，裏側に多い．木本植物では低木，高木とも裏側表皮にのみ存在し，数百から多いものでは千を越え，概して気孔は小さい（下面気孔葉）（表1.2）．裸子植物のマツでは気孔は一列になって葉の両面にほぼ同数存在する．イチョウでは葉の裏側にのみ気孔がある．シダ植物の気孔は大きく，葉の裏側に散在し数は少ない．トクサでは茎の上下方向のくぼみに列になっている．ランの一群，パフィオペディルム（*Paphiopedilum*）は，草本であるにもかかわらず裏側にのみ気孔がある．スイレンの浮水葉では表側にのみ存在する[1-12]．

1.5　気孔の大きさと密度

　気孔は葉の表皮には1mm^2当たり50個〜数百個存在する．花弁や果皮の気孔密度は葉に比べると低い．リンゴの果皮では実が熟し大きくなるにつれて，数が減少する．また，気孔密度は環境に応じて変化する．いずれの場合も気孔が隣接して存在することはなく，あいだには必ず表皮細胞（敷石細胞）が挟まる．ユキノシタの気孔はクラスター状になるが，気孔同士が隣接することはない．

　被子植物と裸子植物の孔辺細胞の長さは$20 \sim 70 \, \mu\text{m}$で，$70 \, \mu\text{m}$に達するオオムラサキツユクサは例外的に大きい（表1.2）．シダ植物の孔辺細胞は幅も長さも大きく，長さは$40 \sim 80 \, \mu\text{m}$である．初期の陸上植物の気孔は$120 \, \mu\text{m}$に達するものもある[1-11]．コケ植物と化石植物の孔辺細胞の形は良く似ており，どちらも腎臓型で密度は低い．

　初期陸上植物では気孔が大きく低密度であるのに比べて[1-13]，進化した植物では気孔が小さく高密度になる．例えば，デボン紀前期（3億9500万年前）のアグラオフィトン（図1.4）やソードニア（*Sawdonia ornata*）の気孔

は 1 mm^2 当たり数個であるのに，ツユクサは 86 個，ヨーロッパアカマツは 240 個，セイヨウシナノキは 370 個である [1-12, 1-14]．樹木は草本より気孔密度が高く 900 個に近いものもある（表 1.2）．開口した孔の部分と気孔装置全体の面積比は，進化にともない増大する傾向にあり，機能が効率的になっていく [1-15]．

1.6　気孔の形と構造

1.6.1　孔辺細胞（guard cells）

気孔は一対の孔辺細胞から構成され，その構造は植物の種類や進化レベルによって異なり，孔辺細胞の形にも違いがある [1-16]（図 1.5）．孔辺細胞には 2 つの型があり，すべての維管束植物の孔辺細胞がそのどちらかである．1 つは腎臓型孔辺細胞（kidney-shaped guard cells）で，化石植物，小葉植物，大葉，裸子植物，双子葉植物，ツユクサなどの単子葉植物に見られ，気孔は楕円形である．ソラマメなど，多くの双子葉植物では，孔辺細胞の向きは不規則で不定形の表皮細胞のあいだに散在している（図 1.5A）．ツユクサなどの単子葉植物では孔辺細胞は同じ向きで，特定の形をした副細胞（subsidiary cells）に取り巻かれる（図 1.5B）．

もう 1 つは亜鈴型孔辺細胞（dumb-bell-shaped guard cells）で，単子葉植物のトウモロコシやコムギ，イネなどのイネ科

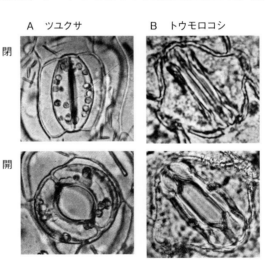

図 1.6　ツユクサとトウモロコシの気孔の開閉
腎臓型孔辺細胞のツユクサと亜鈴型孔辺細胞のトウモロコシの気孔開閉．ツユクサでは孔辺細胞が副細胞に割り込み楕円形に，トウモロコシでは孔辺細胞の中央部が乖離し，スリット状に開口する．（Willmer, 1983 より）

植物などに見られ，副細胞は二等辺三角形，あるいは，腎臓型である（図1.5C）．孔辺細胞は葉脈に沿って一定の間隔を保ち列になっており，開口した気孔はスリット状になる．腎臓型と亜鈴型孔辺細胞の例として，ツユクサとトウモロコシ気孔の開・閉状態を示した（図1.6A,B）．ツユクサの楕円形，トウモロコシのスリット状の開口部が確認される．

　腎臓型孔辺細胞の断面から気孔の構造を見よう [1-12]（図1.7）．孔辺細胞の左右に隣接して不定形の表皮細胞がある．孔辺細胞の気孔側の細胞壁を腹側壁（ventral wall），表皮細胞側の細胞壁を背側壁（dorsal wall）と呼ぶ．葉面の外気に面した細胞壁を外側壁（outer lateral wall），葉内の気孔腔に面した細胞壁を内側壁（inner lateral wall）と呼ぶ．腹側壁に囲まれて気孔が構成される（図1.7）．

　孔辺細胞の細胞壁の厚さは植物種により大きく異なる．腎臓型孔辺細胞では，通常，腹側壁は中央部が薄く，背側壁は全体的に薄い．外側壁と内側壁の端にクチクラの発達した突起構造があることが多く，両方にあるもの，外側壁のみのもの，全くないものがある．突起構造は雨水の浸入を妨げ，気孔や気孔腔（1.6.3項参照）への水の滞留を防ぎ，ガス交換を円滑にしている．気孔ののどに当たる最も狭い部分（中央隙）の幅を気孔開度とする（図1.7）．

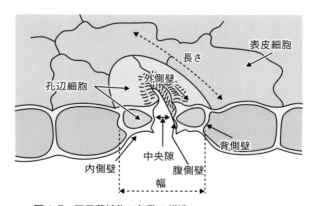

図1.7　双子葉植物の気孔の構造
ソラマメなどに見られる双子葉植物の典型的な気孔である．（Meidner & Mansfield, 1968 より改変）

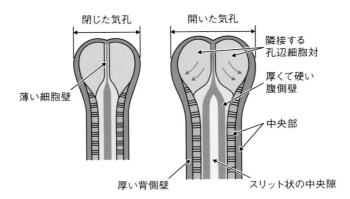

図 1.8　イネ科の亜鈴型孔辺細胞をもつ気孔の縦断面
亜鈴型孔辺細胞の両端球状部分が膨らみ，互いに反発
して厚くて硬い細胞壁に囲まれた中央隙が大きくな
り，気孔が開く．(Meidner & Mansfield, 1968 より改変)

　亜鈴型孔辺細胞（図 1.5C）の細胞壁の厚さは腎臓型のものと異なる（図
1.8）．図は気孔の片側半分の縦断面を正面から見たものである．孔辺細胞の
両端は球状で，対になる孔辺細胞の薄い細胞壁部分で接しており，球状部を
つなぐ細いチューブ状の中央部の細胞壁は厚い．孔辺細胞の背側に隣接して
副細胞があり，副細胞は中央部の膨らんだ二等辺三角形が多い（図 1.5C）．
　孔辺細胞の際立った特徴は，葉肉細胞や表皮細胞などと異なり原形質連絡
を欠くことである．この特質により高濃度のイオンや糖，有機酸を蓄積でき
る．未成熟の孔辺細胞には原形質連絡があり，これを通して表皮細胞から物
質が輸送され，成熟すると原形質連絡は消失する[1-17]．

1.6.2　副 細 胞（subsidiary cells）

　副細胞は孔辺細胞に隣接する表皮細胞の変化したもので，種類によって副
細胞を形成するものとしないものがある．副細胞は孔辺細胞と共同で気孔開
閉の速度を高めており，その機構については後述する（3.8 節参照）．
　副細胞の形や数は種類により異なり，その数は 2，3，4，6 個，あるいは，
それ以上のものが知られ，これをもとに気孔が 7 つに分類される[1-18]．
（1）孔辺細胞が不定形の表皮細胞に囲まれ，副細胞は形成されず，不規則型
（anomocytic）といわれる．アカザ科，ウリ科，ムラサキ科など，ソラマメ，

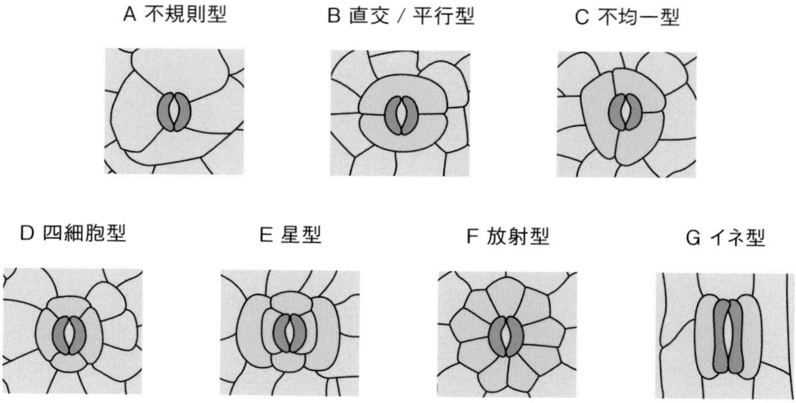

図 1.9　副細胞の形や数による気孔の分類
副細胞を薄いピンク，孔辺細胞を濃いピンクで表す
（Lawson & Matthews, 2020 より改変）

イノコズチ，キンポウゲなどがある（図 1.9A）.

（2）孔辺細胞が 2 つの副細胞に囲まれ，副細胞が孔辺細胞と直交（diacytic）または平行（paracytic）する 2 つの型がある．ナデシコ科のナデシコ，サボテン科のシャコサボテンなどがある（図 1.9B）.

（3）孔辺細胞が 3 つの副細胞に囲まれ，副細胞の 1 つが小さく不均一型（anisocytic）と言われる．ベンケイソウ科，ナス科，アブラナ科など，カランコエ，タバコ，アブラナ，シロイヌナズナなどがある（図 1.9C）.

（4）孔辺細胞が 4 つの副細胞に囲まれ，四細胞型（tetracytic）と言われる．2 つの副細胞は孔辺細胞に隣接して平行に，残り 2 つは孔辺細胞の両端に直角に位置する．多くの単子葉植物に見られ，ツユクサ科，ガガイモ科，イネ科などがある．双子葉植物のシナノキ科にも見られる．ヤシ，シュロチクなどがある（図 1.9D）.

（5）孔辺細胞が 6 つの副細胞に囲まれ，星型（actinocytic）と言われる．ツユクサ科，サトイモ科など，単子葉植物に見られ，ツユクサなどがある（図 1.9E）.

（6）孔辺細胞が 4 つ以上の副細胞に放射状に囲まれ，放射型（actinocytic）

と言われる．サトイモ科，バショウ科に見られる（図 1.9 F）．

(7) 孔辺細胞が亜鈴型で 2 個の腎臓型，あるいは二等辺三角形の副細胞が隣接する（graminaceous）．カヤツリグサ科，イネ科に見られる．ミナトカモジグサ，イネ，トウモロコシなどがある（図 1.9 G）．

1.6.3 気孔腔と細胞間隙

気孔腔は，気孔から葉内への入り口に広がる，やや広い気相空間である．この空間は細胞間隙とつながっており，細胞間隙は個々の葉肉細胞まで到達し，通気組織として働く（図 1.10，図 1.11）．葉面に平行な断面から，常緑樹も広葉樹も柵状組織のすべての葉肉細胞が，細胞間隙に接していることがわかる（図 1.10B）．気孔を通った CO_2 は，まず気孔腔に入り，細胞間隙を通して葉緑体へすばやく到達し，光合成炭酸固定が起こる．気孔腔と細胞間隙が気相であることは，光合成速度の増大に重要である．これらの空間が水で満たされると，CO_2 拡散は 9000 分の 1 に低下し，光合成は進まなくなる[1-16]．

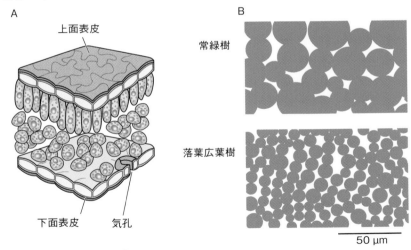

図 1.10　気孔と細胞間隙

　A：双子葉植物葉の構造．下面表皮の気孔の上に気孔腔が広がっている．上面表皮側に柵状組織が，下面表皮側には海綿状組織が見られる．（テイツら，2015 より）
　B：柵状組織の縦断面（葉面と平行に切った縦断面を示す）．密に詰まった柵状組織のどの細胞も細胞間隙に接している．（寺島一郎，2013 より）

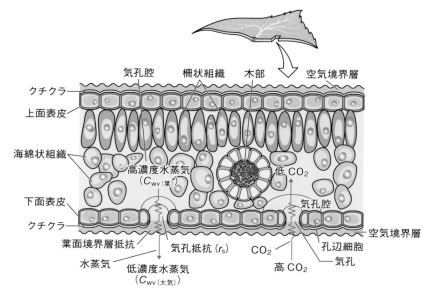

図 1.11 葉の構造と CO_2 と水移動の経路
葉の横断面を示した．クチクラで覆われた葉の一部に気孔があり，この部位
のみでガス交換が起こる．細胞間隙と外気のあいだの CO_2 濃度と水蒸気濃
度の差に従い，ガスの移動方向がきまる．（テイツら，2015 より改変）

　葉肉細胞で CO_2 固定が進み，気孔腔の CO_2 濃度が低下すると，外気との
濃度差に沿って CO_2 が葉内に流入してくる（2.1.1 項参照）．一方，気孔腔と
細胞間隙の水蒸気濃度は非常に高く98％に達する．特に，晴れた日の気孔
腔と外気のあいだの水蒸気の濃度差は極めて大きく，葉内の水蒸気は大量に
出て行く．気孔腔の水蒸気濃度の低下は，葉肉細胞の細胞壁からの水の蒸発
を促し，導管を通して水の吸い上げの駆動力になる（2.1.2 項参照）．気孔腔
と細胞間隙は，気孔の機能に重要な役割を果たしている（図 1.11）．

1.7　気孔のない植物

　気孔のない陸上植物は生存できないだろう．驚いたことに，1984 年，ペルー
アンデスの 4135 m の高地に気孔をもたない植物が見つかった[1-19]．この植

コラム 1.3
CAM 植物

CAM（crassulacean acid metabolism）とはベンケイソウ型代謝のことである．よく見かける多肉の丸い葉をもつカネノナルキ（*Crassula ovata*）は CAM 植物の代表である．C_4 光合成が CO_2 固定を葉肉細胞と維管束鞘細胞に部位を分離して行っているのに対して，CAM 型光合成は夜と昼に時間の分離によっている．このことが可能になるのは，夜間に気孔を開口して CO_2 を取り込み，PEP カルボキシラーゼによって HCO_3^- を OAA に固定するからである．OAA はリンゴ酸脱水素酵素によりリンゴ酸に還元され，いったん液胞に貯蔵される（コラム図 2）．昼になると，貯蔵されたリンゴ酸が細胞質へ輸送され，脱炭酸反応によってピルビン酸と CO_2 を生成し，この CO_2 がカルビン回路の Rubisco により固定される．

　こうして CAM 植物は，気温が低く湿度の高い夜に気孔を開口して水分消費を抑えつつ CO_2 を取り込み，高温で乾燥した昼は気孔を閉鎖して水分の損失を抑える．この特性によって CAM 植物は砂漠でも生存が可能になる．CAM 植物には，サボテンの仲間や，農作物としてパイナップルやアロエなどがある．

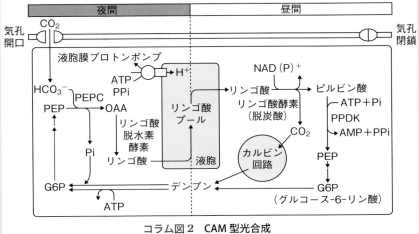

コラム図 2　CAM 型光合成
（是枝 晋, 2016 を改変）

A　正面（真上から見た）　　B　掘り出した全体像

緑葉
茎
根

図 1.12　気孔のない小葉類 *Stylites andicola*
葉と全体像. 葉の長さは5〜10 cm ほどである.
（Keeley *et al.*, 1984 より）

物は小葉植物（コラム 1.1）のミズニラの仲間スタイライツ（*Stylites andicola*）に属し, 貧栄養の泥炭地に小群落で棲息している（図 1.12）. 常緑の葉は厚いクチクラで覆われ CO_2 を取り込めず地面に張り付いている. 茎は土中に埋まり, 良く発達した根から土壌空間の CO_2 を吸収し, 根と茎の空洞を通して葉まで送る. 葉も空洞が多く, 空洞に沿って葉緑体が配置され, CAM 型光合成（コラム 1.3）を行う. 根と茎の乾燥重は, 全乾燥重の大部分を占め, 緑葉部は 6.6％にすぎない（図 1.12）. 緑葉が上方に伸びないのは, 水を吸い上げることができないからで, この植物のありさまから気孔の働きが良くわかる.

1.8　葉ができるには気孔が必要

　化石植物として大量に見つかった4億年前の初期陸上植物は, 2つに枝分かれした茎をもち, 背丈は低くひょろ長い姿で, 茎の頂端に円盤状, あるいは, 楕円状の胞子嚢をもち, 胞子嚢基部に気孔を備えるものの, 日常目にする扁平な葉（大葉）がなかった. 気孔は葉に先立って存在したのである. これらの植物の代表がクックソニアやライニー植物群である（図 1.4）. 葉の形成には気孔が必要であった [1-6].

　葉は, 光エネルギーを利用して CO_2 と H_2O を材料に糖やデンプンを合成し, 分解された H_2O から O_2 が生じ, 地球の生命を支えている. 多くの維管束植物は, 網状の葉脈をもつ双子葉植物, あるいは, 平行する葉脈の単子葉植物のように, 扁平で大きな葉をもち効果的に光を捉える. 一方, 4億2000万年前の初期の維管束植物, ライニー植物群のアステロキシロン

（*Asteroxylon*）は，一本の葉脈の茎状葉をもつ小葉植物（コラム 1.1）であった（図 1.13）．葉脈が分岐し，扁平な葉の植物が化石に現れるのは 3 億 7000 万年前で，原裸子木本植物アーケオプテリス（*Archaeopteris*）がその例である（図 1.14）．維管束植物が棒状の小葉から扁平な大葉を備えるまで 5000 万年を要したことになる[1-7, 1-20]．植物の上陸前の海中は生き物で溢れており，古生代のカンブリア爆発では，1200 万年（5 億 4200 万年前から 5 億 3000 万年前）のあいだに，現存動物の祖先の大部分と絶滅してしまった多種多様な動物が出現したことを考えると，葉の形成に 5000 万年も要したというのは不思議である．光合成の基本機構はすでにできあがり，気孔や維管束の祖先型も存在しており，これらの形成に時間がかかったというわけでもない．しかし，いったん葉ができてしまうと，複雑な体制を有する木本植物の出現まですみやかに進んだ．扁平で広い葉を作るのが難しかったのである．

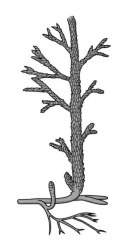

図 1.13　デボン紀の小葉植物アステロキシロン
草本性のヒカゲノカズラ類でデボン紀初期に繁栄した維管束植物．40 cm の高さに達したと言われる．（伊藤元己，2012 より）

図 1.14　石炭紀のアーケオプテリス
デボン紀後期から石炭紀の地層より発見．種子植物への移行的な形態で原裸子植物と言われる．（伊藤元己，2012 より）

　葉の形成には気孔と CO_2 が大きな役割を果たした．解明のきっかけになったのは CO_2 濃度の変化である[1-21]．古代大気の CO_2 濃度は化石の炭素同位体比から求められ，クックソニアなどの初期陸上植物が生育していたシルル紀の濃度は現在の 15 倍（6000 ppm），デボン紀は 10 倍で，5000 万年後にはその 10 分の 1 以下に低下した（図 1.1）．この時期に幅広の葉をもつアーケオプテリスが出現し，高さ 30 m になる太古の森林を形成していた（図 1.14）．CO_2 濃度の低下と葉の形成は関連するらしい．

　上で述べた仮説はデータによって支持される．イギリスの F. I. Woodward は大気の CO_2 が上昇すると気孔の数が減少することを見いだした[1-22]．彼はケンブリッジ大学収蔵の野生樹木，セイヨウハコヤナギ，ヨーロッパブナなど 8 種の標本を用いて，1980 年頃の気孔密度が産業革命時代に比べ 40 ％も減少していることを突き止めた（図 1.15）．一方，氷床コアの解析から，大気 CO_2 濃度は 1800 年で 280 ppm，1980 年で 340 ppm と求められ，180 年で

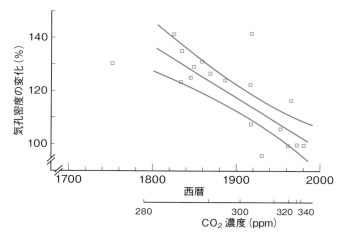

図 1.15　野生樹木の気孔密度の減少
イギリス，ケンブリッジ大学植物学教室収蔵の 8 種類の野生樹木標本の裏面表皮が調べられた．1750 年まで遡って時代の異なる標本のそれぞれから，5 枚の葉を選んで測定された．種によって気孔密度に 2 倍の開きがあったが，すべての種で同じ傾向であった．縦軸の気孔密度は 1980 年のものを 100 とした．（Woodward, 1987 による）

20%以上増加したことになる．さらに，植物を CO_2 濃度の異なる環境で育て，CO_2 濃度の上昇にともない気孔密度が低下することを実験的に確かめた．

　初期陸上植物の気孔密度は極めて低い．ほとんどの場合 $1\,mm^2$ 当たり5 個以下で，葉をもつ最古の樹木と言われるアーケオプテリスでは気孔密度が 32 〜 37 個に増大していた[1-20]．アーケオプテリスはデボン紀から石炭紀前期に生息しており，その期間に CO_2 濃度は大きく低下した．CO_2 は石炭紀末までにさらに減少したので，植物の気孔密度はいっそう増加しただろう．

　こうして，これまでの観察結果と蒸散による冷却作用に基づいて，葉の形成は次のように進んだと推定された．高濃度 CO_2 では温室効果により気温が高い．広くて気孔の少ない葉は太陽光に熱せられ，光吸収の小さい細い葉（小葉）のみが生存を許された．しかし，少しずつ生育領域を広げる植物の光合成により，大気の CO_2 濃度が徐々に低下してくると，気温の低下と気孔密度の上昇が起こった．その結果，光に照らされても盛んな蒸散により広い葉の冷却が可能になった．つまり，広い葉をもつには CO_2 濃度の低下と気孔密度の上昇が必須で，その条件が整うのに長い年月を要したのだろう．

　CO_2 濃度の低下によって葉は本当に大きくなったのだろうか？　このことを検証するため，ヨーロッパ各地の自然史博物館収蔵の葉の化石が詳細に調べられた[1-20]．その結果，CO_2 濃度の低下にともない，デボン紀から石炭紀までに葉の大きさが平均 25 倍，気孔密度が 8 倍に増加したことが，複数の植物種において示された．こうして約 3 億 6000 万年前の石炭紀に，地上は広い葉を備えた植物が定着することになった（図 1.1）．

　気孔密度の増加にともない蒸散による水消費が増大する．失われる水を補うには，水を吸い上げる根と水輸送の通路になる維管束の発達が必要になる．葉の拡大と，根や維管束の発達と進化は，ほぼ同時に起こっただろう．

　CO_2 濃度，気孔密度，葉の大きさの関係は，CO_2 濃度の上昇が地球環境に危機をもたらすことを警告している．CO_2 濃度の上昇により気孔の数が減り（図 1.15），同時に，大気には熱が蓄積される．気孔密度が低下すれば葉温低下が妨げられ，光によるオーバヒートを避けるため，植物葉は扁平で大きい葉から小さく細い葉に変化する[1-22]．このような葉の小型化は，巨大火山の

噴火により CO_2 濃度が現在の 4 倍以上に上昇し，地球が温暖化した 2 億年前の三畳紀からジュラ紀に起きている [1-23]（図 1.1）．グリーンランドの三畳紀の地層から，イチョウなど葉の縁が滑らかで大きな葉が見つかるのに，その上に堆積したジュラ紀の地層には小さい葉や細かく枝分かれした葉が多くなっていた．葉が小さく細くなれば大気を冷やすクーラーとして働く植物の寄与が損なわれ，ますます，気温上昇につながる悪循環が起きるだろう．

1.9　最も進化した気孔

4 億年以上前の，初期陸上植物の気孔は，その形から現生植物の祖先型と考えられる．しかし，あとで述べるように，その役割は現生のものとは異なっていた．一方，最も進化した気孔はイネ科の亜鈴型孔辺細胞をもつ気孔である（図 1.5C）．イネ科植物は 7000 万年前に出現したとされ，この植物群は，すばやい気孔開閉によって高い光合成能と水利用効率を実現し，地球が乾燥状態に陥った 3000 〜 4500 万年前に急激に広まった．多くの双子葉植物が光に応答して気孔が開口するのに 20 〜 40 分かかるのに，イネ科植物では 5 〜 10 分以内で開口し，すばやく閉鎖する [1-24]．

1.10　気孔は多くの因子に応答する

気孔は驚くほど多くの因子に応答する．孔辺細胞は動植物を通じて最も多くの因子に反応する細胞の 1 つであろう．気孔の多様な応答能について述べよう．

1.10.1　光

気孔は光に応答して開口する．開口の大きさや速度は光の波長によって異なり，青，赤，緑の光の順に敏感に応答する．青は赤の光の 20 倍の気孔開口効果がある [1-25]．また，青と赤の光は相乗的に気孔を開かせる [1-26]．紫外線に対しては敏感に開口するという報告と阻害的に働くという相反する報告がある．光に対する気孔開口機構は後述する（4.3 〜 4.4 節参照）．

1.10.2　CO_2

多くの植物で，CO_2 濃度が大気より低いと開口し，高いと閉鎖する [1-11]．

あるいは，CO_2は常に気孔閉鎖に働くのかも知れない．光存在下でもCO_2濃度が高いと気孔は閉じ，暗条件でも無CO_2空気で開口する．植物の種類によりCO_2感受性が異なり，薄嚢シダなどCO_2に不感受性のものもある[1-27]．CO_2に対する気孔応答は後述する（6章参照）．

1.10.3 大気汚染ガス

亜硫酸ガス（SO_2）やオゾン（O_3）に応答して気孔は閉鎖する．写真は気孔閉鎖の遅いホウレンソウを 2 ppm SO_2 にさらしたもので，活性酸素による光合成色素の分解が見られた[1-28]（図 1.16）．SO_2 による気孔閉鎖は，その吸収によって大量に発生する H_2O_2 によるものであろう[1-29]．

図 1.16　SO_2 によるホウレンソウの可視障害
光のある条件で亜硫酸ガス（SO_2，2 ppm）を含んだ空気に 3 時間さらし，翌日撮影した．（島崎研一郎，1976 より）

1.10.4 温　度

温度の影響は複雑である．葉温の上昇に伴い，光合成をはじめとして孔辺細胞の代謝が昂進し，多くの植物が30℃前後で大きく開口する．30℃以上になると，呼吸や光呼吸の増大によって細胞間隙のCO_2濃度（Ci）が上昇し，気孔は閉鎖に向かう．植物を明から暗に移すと，温度が高い条件では気孔が

23

速く閉じ，低い条件ではゆっくり閉じる．

1.10.5　湿　度

低湿度では大気と葉内の水蒸気濃度の差が大きく，植物から多くの水が失われる．空気が乾燥すると気孔は閉じる．一方，湿度が高いと気孔は閉鎖しにくくなる．

1.10.6　植物ホルモン

アブシジン酸（ABA）やジャスモン酸に応答して気孔は閉じる．これらのホルモンは CO_2 と相互作用をする．ABA による気孔閉鎖機構は後述する（5章参照）．

1.10.7　病　原　体

真菌 *Botrytis fabae* はソラマメなどの孔辺細胞に侵入して気孔を開かせ，葉に斑点状の病変を引き起こす．真菌 *Fusicoccum amygdali* はアーモンドやモモに寄生し，カビ毒フジコッキン（fusicoccin）を生成し気孔を開口させ植物を死に至らせる[1-11]．多くの病原体に応答して，気孔は閉鎖する[1-30]．

2章 気孔の働き

気孔には，植物の種類により，あるいは置かれた環境によって，それぞれの状況に適応した多様な役割がある．開口による CO_2 の取り込みと蒸散，閉鎖による水消失の抑制が，どの植物にも共通の基本的な役割である．また，高所に水を吸い上げる機構として蒸散が必須の役割を果たし，そのメカニズムについて述べる．一方，植物の種類によっては，蒸散による葉温低下，あるいは，夜間の気孔開口が生存に必須になること，また，酸素の取り入れ口にもなることなど，気孔の多様な働きを紹介する．

2.1 気孔の基本的な働き

気孔は植物と大気間のガスの出入（ガス交換という）を制御する．この単純な働きによって，気孔は驚くほど多様な役割を果たしている．以下に，基本的な役割とその機構を，ついで多様な役割を取り上げる．

2.1.1 CO_2 の取り入れ口になる

気孔の重要な働きは光合成の基質になる CO_2 の取り込みである．CO_2 取り込みはどのように起きるのだろうか？　光が当たると葉肉細胞で光合成が進み，細胞間隙の CO_2 濃度（Ci）が低下し，それにともない気孔腔の CO_2 濃度が低下する．気孔腔の CO_2 濃度が外気より低くなり，葉内に CO_2 が流入する（図 1.10，図 1.11）．外気の CO_2 濃度が 415 ppm の場合，C_3 植物の Ci は 300 ppm に，C_4 植物（コラム 1.2）では 100 〜 150 ppm に低下する．C_4 植物は C_3 植物より外気と葉内のあいだの CO_2 濃度勾配が大きく，CO_2 の流入速度が大きい．

こうして光合成炭酸固定が進行する．光合成には細胞間隙が気相であることが重要で，CO_2 は気相空間を水中よりずっと速い速度（約 9000 倍）で移動し，葉緑体に到達する．光合成炭酸固定は気孔コンダクタンス（気孔開度）

（コラム 2.1）の増大に従って増大し，ヒカゲノカズラ，シダ，裸子植物，被子植物など系統の異なる多くの植物を通して確認されている（図 2.1）．気孔が CO_2 固定速度を決めることが多い．

コラム 2.1
気孔コンダクタンス

　気孔開度と気孔コンダクタンスは，ほぼ同様の意味で用いられることが多い．気孔開度が増せば気孔コンダクタンスが上昇し，気孔開度が減少すれば，気孔コンダクタンスが低下する．気孔開度はおもに表皮を対象に顕微鏡で個々の気孔を直接観察する．それに対して，気孔コンダクタンスは生葉を対象に葉面全体からの一定風量下における蒸散量，あるいは，ガスの通り易さ，などを計器を用いて測定する．葉全体の気孔開度の平均値を反映し，葉におけるガスの通り易さの指標である．気孔抵抗の逆数でもある．

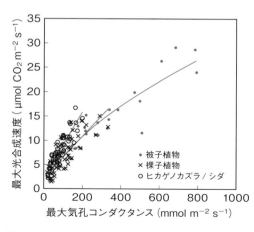

図 2.1　気孔コンダクタンスは光合成速度を決める
48 種の被子植物，80 種の裸子植物，65 種のシダとヒカゲノカズラの葉が用いられた．これらの系統の異なるすべての維管束植物で，気孔コンダクタンスと CO_2 吸収が関連していた．（Brodribb *et al.*, 2020 より改変）

2.1.2 蒸散を行う

気孔開口は CO_2 取り込みを可能にする一方，蒸散によって大量の水を失う．蒸散は必要悪と見なされることが多く，蒸散を抑える研究が数多く行われている．水の消失は不可避であるけれども，蒸散は植物に有益な実に多くの役割を果たしている．興味深いことに，気孔の起源をたどると，蒸散による水の消費こそが気孔の原初的な役割であることにいきつく（3.7 節参照）．もともと H_2O の出口であった気孔を，CO_2 の取り入れ口として進化させてきたと言えるだろう．蒸散の多様な働きを知る上で，その機構の理解は重要である．

蒸散はどのように起きるのだろうか？　蒸散の駆動力として水ポテンシャル（water potential：Ψ_w）（コラム 2.2，2.3）という概念が用いられる．水は水ポテンシャルの高い方から低い方へ流れる．蒸散は気孔腔と外気のあいだの水蒸気濃度（Cwv）の差（$\Delta Cwv = Cwv_{(葉)} - Cwv_{(大気)}$）により駆動され（図 1.11），この駆動力は気孔腔と外気における水ポテンシャルの差として定量化される[2.1]．以下に，具体的に述べよう．

雨の日，外気は水蒸気で飽和しており（湿度 100%）外気の水ポテンシャルは純水とおなじ "0" である．葉内も水蒸気で飽和しており，外気と葉内の水ポテンシャルは同じで，蒸散は起きない．一方，晴天の午前中，外気の湿度が 50%，気孔腔が 97% とすると，水ポテンシャルは外気 $\Psi_{w外}=-94$ MPa，気孔腔 $\Psi_{w気}=-7$ MPa と計算される（表 2.1）．外気と気孔腔のあいだの水ポテンシャル差は（$94-7$）$= 87$ MPa になり，1 MPa は約 10 気圧なので葉内外の圧力差は約 870 気圧に達する（コラム 2.2）．気孔が開口すれば気孔抵抗（leaf stomatal resistance：r_s）が小さくなり（図 1.11），こ

表 2.1　水の移動経路における 4 か所の湿度・水蒸気濃度・水ポテンシャル

部位	湿度（%）	水蒸気濃度（mol m^{-3}）	水ポテンシャル（MPa）
葉内の空気間隙（25℃）	99	1.27	-1.38
気孔のすぐ内側（25℃）	97	1.21	-7.04
気孔のすぐ外側（25℃）	47	0.60	-103.7
外気（20℃）	50	0.50	-93.6

（Nobel, 1999 より改変）

コラム 2.2
水ポテンシャル（葉内と外気）

　植物生理学者は，2 つの系で水の流れる方向を決める物理的指標として，化学ポテンシャルと関連づけて，水ポテンシャルを用いてきた．水は水ポテンシャルの高いところから低いところへ自発的に流れる．単位は MPa（圧力の単位）である．

　植物細胞の水ポテンシャルは，細胞内の圧力（p）と浸透圧（s），それに，重力（g），湿度（h），などの総和できまり，

　水ポテンシャル（Ψ_w：water potential）$= \Psi_p + \Psi_s + \Psi_g + \Psi_h$

と表される．

　ここで，Ψ_p：圧力ポテンシャル，Ψ_s：浸透ポテンシャル，Ψ_g：重力ポテンシャル（高さ），Ψ_h：湿度ポテンシャル（湿度）である．$\Psi_s = - nRT/V$（浸透圧にマイナス記号をつけたもの．V：溶液の体積），$\Psi_h = RT/V_w \ln(RH/100)$（$R$：気体定数．$T$：絶対温度．$V_w$：水の部分モル体積．$RH$：相対湿度），と求められる．

　例をあげれば，水は，水鉄砲では内から外へおしだされ，川では下流へ流れる．水鉄砲では鉄砲内の水ポテンシャル（圧力）が外より高く，川では上流が下流より水ポテンシャル（重力）が高いからである．水鉄砲では圧力以外の成分は同等で，川では重力以外の成分は同等である．

　蒸散に適用してみよう．水は蒸散によって葉内から外気へ移動する．水蒸気濃度の高い方から低い方へ水が拡散するからである．これを，水ポテンシャルを用いて定量的に表してみよう．

　葉内（気孔腔）と外気では，圧力（Ψ_p），溶質濃度（Ψ_s），高さ（Ψ_g）は差がない．したがって，水の動きは湿度ポテンシャル Ψ_h により決まる．気孔腔（$\Psi_葉$）と外気（$\Psi_外$）の水ポテンシャルはそれぞれ，$\Psi_外 = RT/V_w \ln(RH_外/100)$，$\Psi_葉 = RT/V_w \ln(RH_葉/100)$ となり，外気の湿度 $RH_外 = 50\%$，気孔腔の湿度 $RH_葉 = 97\%$ から，

$\Psi_{外}=-94\,\mathrm{MPa}$，$\Psi_{葉}=-7\,\mathrm{MPa}$ と求められる．つまり，圧倒的に $\Psi_{葉}>\Psi_{外}$ である．

コラム 2.3
水ポテンシャル（孔辺細胞と外液）

　気孔開閉を例に取ろう．孔辺細胞内液（以下孔辺細胞）と孔辺細胞の周りの外液の 2 つの系を考える．孔辺細胞の水ポテンシャルを $\Psi_{孔}$，外液の水ポテンシャルを $\Psi_{外}$ とする．孔辺細胞と外液の高さ（Ψ_g）と湿度（Ψ_h）には差がないことから，水ポテンシャルは圧力ポテンシャル（Ψ_p）と浸透ポテンシャル（Ψ_s）で決まる．孔辺細胞と外液の水ポテンシャルは，それぞれ，

$$\Psi_{孔}=\Psi_{p孔}+\Psi_{s孔}, \quad \Psi_{外}=\Psi_{p外}+\Psi_{s外}$$

となる．

　気孔が閉じている条件では $\Psi_{孔}=\Psi_{外}$ で，水の移動は起きない．孔辺細胞にイオンが蓄積すると $\Psi_{s孔}$ が低下し $\Psi_{孔}<\Psi_{外}$ となり，水は外液から孔辺細胞に流入し，体積が増大し，気孔が開口する．開口が進むと定常状態に達し，ほぼ一定の気孔開度を示すようになる．これは以下のように説明される．

　気孔開口が進むと孔辺細胞内の膨圧が増大し，圧力ポテンシャル $\Psi_{p孔}$ が上昇する一方，イオン濃度が低下するので $\Psi_{s孔}$ がプラス方向へ変化する．こうして，$\Psi_{p孔}$ のプラス値と $\Psi_{s孔}$ のマイナス値が相殺されると，$\Psi_{外}=\Psi_{孔}$ となり，水の流入が停止し，気孔開度が一定になる．

　一方，気孔閉鎖は，イオン流出によって $\Psi_{s孔}$ が上昇し，$\Psi_{孔}>\Psi_{外}$ となり，孔辺細胞から水が流出することによって起こる．

の圧力差に従い水蒸気は吹き出すように出て行くことになる．これが，CO_2 取り込みに比べて水を大量に失う理由である．気孔が閉じれば r_s がほぼ無限大になって蒸散は抑制される．

　蒸散は気孔以外の要因によっても制限される．蒸散の経路には気孔抵抗 r_s に加えて葉面境界層抵抗（leaf boundary layer resistance：r_b）があり，r_s と r_b の 2 つの抵抗が蒸散を抑える．湿度 50％の風のない日を想定しよう．湿度（水蒸気濃度）は気孔の出口では 96％と高い値を示すが，気孔から遠ざかるにつれて 90，85，70 と低下し，外気の 50％に近づく（図 2.2）．しかし，風がなく葉面付近の空気が静止し，撹拌が不十分な場合，気孔の出口周辺の湿度は 90％を越え，葉内外の水ポテンシャル差は小さく蒸散も抑えられる．葉面近傍の静止空気の層は蒸散を抑えるように働き，葉面境界層抵抗と呼ばれる．

　葉面境界層の大きさ（厚さ）は，風速や葉の形，大きさによって決まる．静止空気では葉面境界層は厚くなり，気孔が大きく開口しても蒸散はあまり

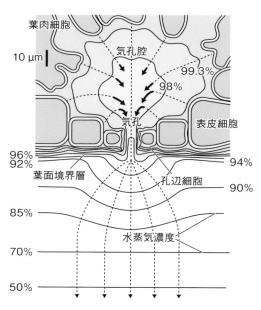

図 2.2　湿度と水蒸気の拡散の経路
葉内から外気へ水蒸気が拡散する経路を示した．破線は水蒸気の流れる方向を示す．湿度の勾配は気孔と葉面に近いほど大きい．（Weyers & Meidner, 1990 より改変）

増加しない．しかし，風が強いと状況は一変し，葉面の空気が撹拌され葉面境界層は薄くなり，気孔開口にともない盛んに蒸散が起こる．葉内と外気の水ポテンシャル勾配が急になるからである（図2.2）．気孔開口にともない，風があれば蒸散は増大するのに，静止空気では頭打ちになる（図2.3）．

　こうして，蒸散は気孔抵抗と葉面境界層抵抗の2つの要因に制御される．それでもなお，CO_2取り込みに比較して水消失は極めて大きい．蒸散による水の消失とCO_2の固定との割合は蒸散比（コラム2.4）という．C_3植物（コラム1.2）の蒸散比は400で，CO_2を1分子固定するのに水を400分子失う．葉内外の大きな水ポテンシャル差が駆動力で，気孔抵抗と葉面境界層抵抗が蒸散のおもな制限要因である．それに対して，CO_2取り込みは葉内外の小さい濃度差が駆動力で，CO_2が葉緑体に至るまでに気孔抵抗，細胞間隙，葉肉細胞の細胞壁，細胞膜，細胞質，葉緑体包膜，そして，CO_2固定能など，多くの制限要因があることが，大きな蒸散比を生み出している．

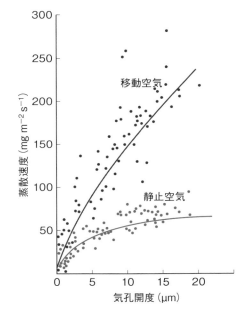

図2.3　蒸散は風があると増加する
シマムラサキツユクサの蒸散を測定した．蒸散速度の気孔開度依存性を，静止空気中と移動空気中で比較した．葉面境界層は静止空気中で厚く，蒸散の律速になる．そのため，静止空気中では気孔開度が増大しても，蒸散は増えない．（Bange, 1953 を改変）

コラム 2.4
蒸散比と水利用効率

　植物は CO_2 を取り込むと同時に H_2O を消失する．蒸散比は，蒸散によって失う H_2O の数を光合成により固定される CO_2 の数で割った値である．C_3 植物では 400，C_4 植物では 150，CAM 植物では 50 程度になる．C_3 植物では 1 分子の CO_2 を固定するのに 400 分子の水を失うことになる．この逆数は水利用効率と呼ばれ，C_3 植物では 0.0025，C_4 植物では 0.0067，CAM 植物では 0.020 と求められる．

　C_3 植物では Rubisco が CO_2 を，C_4 植物では PEPC が CO_2 (HCO_3^-) を捉える．PEPC は Rubisco より CO_2 に対する親和性が高いので，C_4 植物は C_3 植物に比べて細胞間隙の CO_2 濃度が低くなり，外気からの CO_2 取り込み速度が大きくなる．CAM 植物は湿度の高い夜間に気孔を開くので，水の消失が少なくなる．

2.1.3　水を吸い上げる駆動力を形成する

　蒸散は水を失うだけではない．根で吸収した土壌水を，木部を通して上方の葉組織に送り届ける．水は光合成の材料として葉緑体に供給され，水に溶けた硝酸，リン酸，カリウムなどのミネラルやその他の有用成分は様々な反応に使われる．植物が高く伸びることができるのは木部の支持機能に加えて，蒸散により導管液が高所に届くからで，気孔を欠いた植物は地面に張り付いている [2-2]（1.7 節参照．図 1.12）．セコイアやユーカリは樹高が 80 m を越え，セコイアメスギは 115 m に達する．これらの植物への水の供給に，蒸散が必須の役割を果たしている [2-1, 2-3]．しかし，頂端部の葉には強い水ストレスがかかる．そのため最上部の葉は極端に小さくなり，樹高の制限要因になっている．蒸散による水輸送の機構を述べよう．

　樹高 100 m の高木の葉に水を送るのに要する水ポテンシャルはどれくらいだろうか？　導管の摩擦抵抗に打ち勝つ力と 100 m の高低差を克服する力が

必要である．導管の摩擦抵抗は約 1 MPa, 100 m の高低差の重力ポテンシャル（Ψ_g）が約 1 MPa と推定され，この高木の頂端に水を送るには約 2 MPa（約 20 気圧）が必要になる[2-1]．この圧力の発生部位は気孔である．

　（a）気孔が開くと蒸散により葉内から水が出て行く（図 1.10, 図 1.11）．この水の移動は，葉内と外気のあいだの水ポテンシャル（水蒸気濃度）差によって駆動される．その結果，気孔腔と細胞間隙の水ポテンシャルが低下する．（b）水ポテンシャルの低下した細胞間隙に細胞壁表面から水分子が気化する（図 2.4a）．（c）細胞壁表面はデコボコしており，細胞壁面を覆い，たいらであった水の表面に半円形のくぼみ（メニスカス）を生じる．（d）このくぼみをなくそうと表面張力によって陰圧を生じ，細胞壁表面水の水ポテンシャルが低下する．この陰圧はメニスカス半径（r）が小さいほど大きい（図 2.4B）（例えば，曲率半径 $r = 0.05\,\mu m$ のとき陰圧は約 -3 MPa（-30 気圧）になる（表 2.2）．（e）細胞壁表面の水は導管液とつながっており，陰圧は導管液に伝わる（図 1.11）．

　こうして，細胞壁表面に生じた陰圧は導管水を引っ張り上げる力になる．途切れない限り水は強い張力に耐える特質をもっている．これを水の凝集力

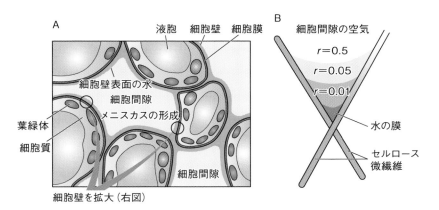

図 2.4　植物の水移動の駆動力の形成機構

A：葉肉細胞と細胞間隙．B：細胞壁の拡大とメニスカス．水移動の駆動力は気孔で生ずる．その順序は，気孔からの水の拡散，細胞壁からの水の蒸発，細胞壁のくぼみの形成，表面張力による陰圧の発生，陰圧の導管液への伝達である．（テイツら, 2015 より改変）

表 2.2　メニスカスの曲率半径と生じる静水圧

曲率半径（μm）	静水圧（MPa）
0.5	− 0.3
0.05	− 3
0.01	− 15

（テイツら，2015 より）

といい，水素結合による水分子同士の離れがたい性質に起因する．張力に対する水の抵抗力は銅線やアルミ線の引っ張り抵抗力の 10 分の 1 に達する．水を吸い上げるには，細胞壁表面の水と導管液が連絡していること，導管液が途切れないことが必要である．これを水の"凝集 - 張力説"という．

　導管内に張力を生じていれば，導管液は陰圧になっているはずである．実際，気孔の開口している日中に導管に赤インクを注入すると，すばやく吸い込まれ上方に移動する．また，夜明け前にツユクサやイチゴ葉のヘリの排水組織にできた水滴（朝露）は，陽がのぼり気孔が開くとたちまち消失する．いずれも導管内に陰圧を生じるからである．蒸散の盛んな晴れた日の午前中には，導管の大きな陰圧によって大木が縮み，夜には膨らんで元に戻る．こうして，水を高所に引き上げる駆動力は気孔で作られることになる．木部内の水ポテンシャルは，良く灌水された草本植物で− 0.2 〜− 1.0 MPa，木本植物では− 0.2 〜− 2.5 MPa，良く晴れた日や乾燥地の植物では− 10 MPa にまで低下する[※1]．

　ところで，導管液の陰圧が大きくなると木部周囲の空気が取り込まれるか，液中に溶けた気体が気泡化して，導管内に気泡を生ずることがある．これを空洞化（キャビテーション）といい，気泡が導管内に広がると塞栓（エンボリズム）を起こし，連続していた水柱がとぎれ張力による水の吸い上げができなくなる．導管や仮導管は，エンボリズムよる水の吸い上げの遮断を防ぐ構造と，陰圧に押しつぶされない強固な構造を備えている[2-1]（コラム 2.5）．

※ 1　なお，植物の水ポテンシャルの測定法に関して，本シリーズに電子補遺として優れた解説があるので参照して頂きたい（参考文献 10. 寺島一郎（2013）『植物の生態』裳華房）.

コラム 2.5
導管と仮導管の構造

　導管や仮導管は，リグニンが沈着した中空の強固な構造を有し，水の輸送を行い，植物体を支える．導管は太く短い導管要素から構成され，導管要素の両端の穿孔板で縦に積み重なって導管を形成し，穿孔板は水の通り道になる．導管要素の側壁には壁孔があり，隣接する導管要素と壁孔対を形成している．仮導管は細長い紡錘形の構造で，垂直方向に束を構成し，部分的にかさなっている．仮導管の側面にも多くの壁孔があり，隣接する仮導管と壁孔対を形成し，水の通路になる（コラム図 3）．導管は被子植物とグネツム，シダ類などに，仮導管は被子植物，裸子植物，シダ類や他の多くの維管束植物に見られる．

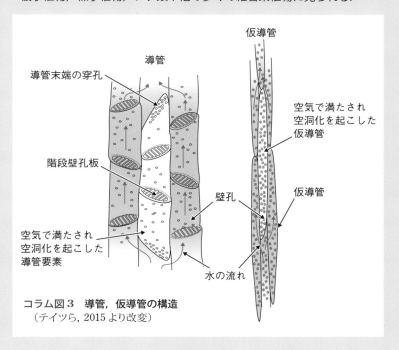

コラム図 3　導管，仮導管の構造
（テイツら，2015 より改変）

　　気孔が開口すると蒸散によって導管や仮導管内に陰圧を生じ，陰圧が大きいと液中に気泡を生じ空洞化（キャビテーション）を起こす．あるいは，周囲の空気が流入し，気泡が膨張して導管や仮導管の内部を占め塞栓（エンボリズム）を引き起こす．また，冬には内部の水が凍結し，それまで溶けていた気体が気泡となり，この気泡が広がり塞栓をきたすことがある．このようなことが起きると，連続していた水柱が途切れ，水の凝集力が働かなくなり，蒸散に駆動される水の吸い上げが困難になる．導管と仮導管はこのような障害を回避するため，独特の構造をもっている．気泡で占められた導管要素，または，仮導管は隣接する壁孔対を通して水が流れるようになり，迂回路を形成する（コラム図3）．こうして，水の輸送停止を回避することができる．陽が落ちると，気泡はしぼんで消失し，元の状態に戻る．

2.1.4　閉鎖により水不足から身を守る

　蒸散は植物にとって必須の働きである．しかし，蒸散による過剰な水の消失は植物の枯死を招く．土壌水分の不足や空気の乾燥に見舞われた植物は，直ちに気孔を閉じて，水の消失を防ぐ必要がある．気孔の重要な働きは，体表を覆う水不透過性のクチクラと共同して，水の通り道になる気孔を閉鎖して水消失を抑えることである．

　気孔を開口しなくとも直ちには死に至らないのに比べ，気孔の閉鎖障害は死に直結する．例えば，植物ホルモンアブシジン酸（abscisic acid：ABA）を合成できないタバコ変異株は，気孔を閉鎖できず通常の環境では直ちに萎れてしまう[2-4]．この変異体は湿度90％では成長するが，高湿度の人工気象室から温室に移すと5分で萎れ生育できない（図2.5A, B）．

　多くの被子植物では葉の水分が不足すると，ABAが合成され気孔が閉じる．しかし，蒸散による水の損失に供給が追いつかない場合がある．そのような状況では導管液（仮導管液）中に気泡を生じ，気泡が大きくなるとエン

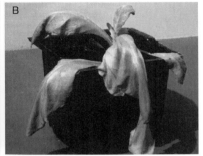

図 2.5　気孔を閉じない植物は通常の環境では萎れる
A：湿度 90％．B：温室に移して 5 分後．ABA を合成できないタバコの
変異株の気孔は大きく開いたままである．高湿度のチャンバーから通常
の温室に移すと 5 分で萎れてしまう．（Marin *et al.*, 1996 より）

ボリズムをきたし，導管の水の吸い上げが停止することがある．この場合に
も，気孔が閉鎖すると，気泡の拡散が抑えられ気泡は徐々に水に置き換わり，
水の供給が追いつくようになり枯死を免れる．

　このように，環境に応じた気孔閉鎖は植物の生存に必須である．適切な気
孔閉鎖は，水利用効率（コラム 2.4）を上げ，植物の湿潤な水辺から乾燥地
への棲息領域の拡大を可能にした，最大の要因である．乾燥地域に生育し強
光にさらされる多くの植物や作物，例えば，トウモロコシやサトウキビは，
迅速に，完全に気孔を閉鎖する．これに対して，ヒカゲノカズラ類やシダ類
は，気孔をゆっくりと不完全にしか閉じることができず，林床の光の乏しい
湿潤な場所に生存を限定される．

2.1.5　開閉を昼夜逆転させ砂漠で生きる

　砂漠には，多肉のサボテン，ベンケイソウ，リュウゼツランなど，太い筒
状の茎や肉厚の葉をもつ植物群が生育している．これらの植物は体表面を小
さくして水消失を抑え高温で乾燥した環境をしのぎ，砂漠の生態系を支えて
いる．これに加えて，気孔開閉時期を昼夜逆転させて，水消費を最小限に抑
えている．これらの植物は，CAM 型光合成を行い（コラム 1.3），夜間に気
孔を開いて CO_2 を固定し，昼間は気孔を閉じる．気孔開閉時期の昼夜逆転は，
植物が過酷な乾燥環境に耐えるのに極めて有効である．昼間の砂漠は高温で

乾燥しており，葉内と外気の水ポテンシャル差が大きく，気孔開口は大量の水消失をともなうのに，夜間は低温，高湿で水ポテンシャル差は小さく，開口しても少ない水消失ですむからである．CAM型植物の蒸散比（コラム2.4）は50で，C_3，C_4植物に比べて小さい．

2.1.6　迅速な開閉によって光合成を増大させ水を節約する

光が当たると光合成が秒単位で直ちに進むのに比べて，気孔開口には少なくとも10分程度の時間がかかる．そのため，CO_2の取り込みが律速になり，光合成炭酸固定が抑制される．また，暗黒や水不足の条件で気孔閉鎖がゆっくりしか進まないと，水の消失が多くなる．気孔の開口と閉鎖の速度を高めれば，光合成が増大し，水消失の抑制につながる．それを実現したのは，亜鈴型孔辺細胞をもつイネ科などの植物群で，光のオン‐オフに応答した迅速な気孔開閉が起こる（7.2節参照）．

2.2　気孔の多様な働き

気孔の基本的な役割を見てきた．上に述べたものに加えて，気孔は多様な働きと役割をもつ．その例を挙げよう．

2.2.1　地球レベルの水とCO_2循環に寄与する

地表水と大気のCO_2のかなりの部分が，葉表面の1〜2％にすぎない気孔を通過する．陸地への降雨量は雨と雪を合わせて110×10^{15} kg/年である．このうち約60％（約70×10^{15} kg/年）が，気孔を通る蒸散によって大気に戻っている．

熱帯林に注目すると，全降雨量の約30％に相当する32×10^{15} kg/年が植物の蒸散によって大気に戻り，その量は大気中の水蒸気量（15×10^{15} kg）の2倍以上になる[2-5]．つまり，年間に，大気の全水蒸気の2倍分が熱帯植物の気孔を通して循環している．陸地への全降雨量の残り40×10^{15} kg/年は川を下って海に至る．我が国の森林では降雨量の30〜40％が蒸散と蒸発により失われ，その8割が蒸散によるもので残りは川を流れて海に届く．

このような大量の水循環に葉表面の1〜2％に過ぎない気孔が寄与できるのは，その構造によるところが大きい．すでに述べたように，気孔腔は高濃

度の水蒸気（98 〜 99％）で充満している．入りくんで広大な面積の細胞壁表面から水が蒸発し，出口を狭い気孔に限局されているからである（図 1.11，図 2.2）．そのため，気孔腔と外気の間に大きな水ポテンシャル差を生じ，気孔が開くと大量の水が出て行く（2.1.2 項参照）．

　一方，北半球の大気の CO_2 濃度は春から夏にかけて約 10 ppm 減少し，夏から翌春にかけて増加する．春から夏の減少は，おもに陸上植物の光合成によるもので，この CO_2 の多くが気孔を通過する．地球全体の陸上植物の光合成による炭素の吸収量は 0.120×10^{15} kg C/ 年（0.440×10^{15} kg CO_2/ 年）に達し，大気中の炭素量（0.730×10^{15} kg C）の 15％以上に当たる．

2.2.2　葉温低下が生存を可能にする

　カリフォルニア州南部には，アリゾナ州とメキシコにまたがり真昼の気温が 40℃を越える広大なソノラ砂漠がある．本州と北海道を合わせた広さである．コーチェラバレーは，この砂漠では降水量の多い地域で，サボテンや小さな葉（長さ 1.3 cm 以下）の植物のほかに，大きな葉（長さ 6 cm 以上）をもつ多年生植物が繁茂している．

　ぎらつく太陽のもとで気温は 40℃以上に達する．この環境でサボテン 4 種の葉温の平均は 52.7℃，小さい葉の植物 4 種の平均は 38.8℃であった．興味深いことに，大きな葉の植物は極端に低い葉温を示し，5 種類の平均が

表 2.3　砂漠の多年生植物の種類と葉のサイズ，気温，葉温，蒸散速度，光合成

植物	葉の長さ (cm)	気温 (℃)	葉温 (℃)	蒸散速度 (μg cm^{-2} s^{-1})	光合成が90%以上になる気温
（サボテン）					
ウチワサボテン	7.4-16.2	41.3	48.2-61.5	<1.26	未測定
イチゴサボテン	3.6-4.7	41.3	49.8-58.1	<1.09	未測定
（小さい葉の多年草）					
北米ブタクサ	<1.0	39.2	39.1-41.6	4.1-14.4	33.6-39.3
クレオソートブッシュ	<1.5	40.7	40.9-43.1	3.9-11.3	34.4-39.1
（大きい葉の多年草）					
砂漠ラベンダー	3.4-8.3	41.4	26.0-32.2	12.6-19.1	26.5-32.6
砂漠アオイ	2.9-7.6	40.5	24.6-31.8	13.1-21.3	25.4-33.2

（Smith, 1978 より抜粋）

27.9℃であった（表 2.3）．これらの植物は多数の気孔をもち，単位面積当たりの蒸散量はサボテンの 20 倍，小さな葉の植物の 2 倍以上であった．大きな葉の植物は盛んな蒸散により葉を涼しく保ち，砂漠の過酷な環境に適応し，28℃前後で最大の光合成を示した．葉温の例として，サボテン，小さい葉，大きい葉の植物種をそれぞれ 2 種ずつ取り上げた[2-6]（表 2.3）．

2.2.3　葉温低下が収量を増加させる

葉温低下によって作物の収量が増大する例がある．ワタの品種ピマ・コットンは，高温，しかし，水を与える条件で，アリゾナ州ピマ郡で栽培される．この品種は，気温が生育適温を大幅に越えるとき，気孔を大きく開き，葉温を低下させ熱ストレスを回避する．この品種には個体差があり，気孔を良く開く個体ほど葉温低下が大きく多くの種子が実った．このようなことは水が十分ある条件に限られ，高湿度で蒸散が抑えられた環境や，灌水が不十分な条件では起きなかった[2-7]．

2.2.4　外気から水を取り込む

アンゴラとナミビアにまたがるアフリカ西部のナミブ砂漠は，暑さ，寒さ，乾燥など，気候変動の激しい過酷な環境で，そこに適応した興味深い生物が棲息している．甲虫の一種，サカダチゴミムシダマシは，早朝，霧の砂漠で逆立ちし，背中の突起で霧を捕捉し，落ちてくる水滴を飲みこむ．ナミブ砂漠西岸は寒流の流れる大西洋に面しており，海上で生じた霧が内陸部まで流れ込み，夜間は 10℃まで下がり水蒸気が凝結しやすい．

この環境で，グネツム綱に属する裸子植物ウェルウィッチア（*Welwitschia mirabilis*. 和名：奇想天外）は CAM 型の代謝を行い，夜に気孔を開いて大気中の水分を吸収すると言われる[2-8]．この植物は，2 〜 4 月の短い期間の降雨時に砂漠の川になる比較的水の豊かな地域に群落を作って生育することが多く，3 m 以上の主根と大きく広がる側根から地下水を吸い上げている．長くて幅広の葉の両面にほぼ同数で多数の気孔をもち（表 1.2），真昼には蒸散により葉を冷却し，高温に適応していると言われる[2-8]．

2.2.5　酸素の取り入れ口になる

花にも気孔がある．花の気孔は何をしているのだろうか？　夏に花をつけ

るハス（*Nelumbo nucifera*）は，開花前に花弁，花托，おしべの温度を上昇させ，一定温度に維持する[2-9]．この温度維持機構はいつも働いているわけではなく，開花直前から，受粉が終わり花が散り始めるまで続く．ミツバチやコガネムシなどの送粉昆虫に香りと暖かい環境を提供し，花に誘引するのである．気温が $10 \sim 20℃$ に低下した場合でも，花弁に囲まれた花托は，開花中の $2 \sim 4$ 日間 $30 \sim 35℃$ に維持される．気温が低いと酸素吸収が増加し，高いと酸素吸収が減少する．発熱量と酸素吸収とは比例し，発熱はミトコンドリアの呼吸による酸素消費と連動している．呼吸に必要な酸素の取り込みは花の気孔を通して起こると推定される．こうして受粉が行われる[2-9]．

2.2.6　黄化葉でも気孔は働く

多くの広葉樹は，黄化あるいは紅葉し，落葉する．落葉前にはクロロフィルなどの窒素を多く含む有用成分を分解し，幹に輸送，回収し，翌年の成長に備える．窒素は限られた栄養成分で，葉に残ったアントシアニンやカロテノイドは窒素分をほとんど含まず，黄葉や紅葉の色を生み出している．興味深いことに，イチョウの葉は黄化しても，孔辺細胞葉緑体のクロロフィルは分解を免れ，光合成電子伝達を維持していた[2-10]．気孔は，明暗に応じて開閉を繰り返し，落葉するまで機能が維持された．ただ，開口は徐々に小さくなった．

気孔の開口は，ミトコンドリアに酸素を供給し ATP の産生を促し，葉肉細胞のクロロフィル分解，篩管の物質輸送に要するエネルギーを供給し，さらに，揮発性産物の放出，などに役立つ．孔辺細胞葉緑体の長寿命は，ポプラ，カキ，ウメ，アンズ，モモ，アーモンドなど多くの木本植物に見られ，草本植物にも同様の事例がある．

2.2.7　すばやく閉鎖し有毒ガスの侵入を防ぐ

大気汚染ガス SO_2，O_3，NO_x，ペルオキシアセチルナイトレートは，気孔から侵入してクロロフィルやカロテノイドの分解，細胞壊死をもたらす[2-11]（図 1.16）．いずれも，これらの毒物の共存下で光により生成される活性酸素によるものである．このような障害は，1960 年代以降，国内外の工業地帯や都市部で観察された．明治時代の足尾銅山はその典型例で，製錬工場から

の SO_2 を含む排出煙により植物は枯れ，禿げ山になった．

　気孔をすばやく閉じる植物はガスの侵入を抑え，汚染ガスに強い．例えば，SO_2 に対して気孔を直ちに閉じるトマトやラッカセイは強く，応答の遅いダイコンやシソ，ホウレンソウは弱かった．葉組織の ABA 含量の高いものが閉鎖が速かった[2-12]．

2.2.8　閉鎖によって病原菌の侵入を防ぐ

　細菌や真菌など多くの病原体は気孔から侵入し，植物に被害を与える．孔辺細胞は微生物に保存された構造分子を細胞表面で認識し，気孔を閉鎖することにより細菌や真菌の侵入を防ぎ，宿主となる植物を防御している[2-1, 2-13, 2-14]．気孔閉鎖は植物の病害防御機構の最初のステップである．病原体の有する構造分子として，細菌では鞭毛フラジェリンのペプチド flg22 や菌類の細胞壁成分のキチンが良く知られている．

　病害を及ぼす細菌シュードモナス・シリンガエ（*Pseudomonas syringae*）がシロイヌナズナ葉に感染すると flg22 が認識され，気孔が閉鎖する[2-13]．この気孔閉鎖には OST1 など，ABA 経路のシグナル因子が働いている．

　さび病を引き起こす真菌の細胞壁成分であるキチンが孔辺細胞のキチン受容体（CERK1）に認識され，気孔閉鎖が誘発される．この気孔閉鎖には，NADPH オキシダーゼ，Ca^{2+}，CPK6，PP2C，OST1，SLAC1 など，ABA 経路と共通の因子が働いている[2-15]（5.2 節参照）．

　病原菌に対する局所的な防御応答に加え，植物はサリチル酸（salicylic acid）を合成し，全身の抵抗性を増大させ二次的な感染被害を抑制している．サリチル酸を合成できない変異体は気孔閉鎖が妨げられ，サリチル酸に賦与された全身獲得抵抗性の一環として気孔閉鎖が機能している[2-1, 2-14]．

2.2.9　蒸散は ABA による気孔閉鎖を仲介する

　植物は蒸散により水を失う．しかし，ABA が気孔を閉鎖させ，水の消失を抑えるには，蒸散が必要である．土壌の水分不足は根で検知され，その情報が維管束の蒸散流を通して葉に伝わり，そこで ABA が合成され気孔閉鎖を引き起こす．

　根から葉への情報伝達物質として，水不足により根で合成される

低分子量ペプチドホルモン CLAVATA3/EMBRYO-SURROUNDING REGIONRELATED 25（CLE25）と，CLE25 の受容体 BAM が同定された[2-16]．根から蒸散流に乗って葉に移動した CLE25 は，ABA 合成を担う鍵酵素の遺伝子 *NINE-CIS-EPOXYCAROTENOID DIOXYGENASE 3*（*NCED3*）を発現させ，ABA を蓄積させ，気孔閉鎖を誘発した．蒸散が乾燥ストレス応答に働くシグナルペプチドの長距離輸送の駆動力になっている．

3章 気孔の起源と進化

　気孔の起源と進化をたどるには，初期陸上植物の性質を色濃く残している
コケ植物から，小葉植物，シダ植物，裸子植物，被子植物まで，植物の系統
に基づく気孔の構造の変遷の理解が役だつだろう．まず，現生のコケ植物か
ら被子植物まで気孔の構造を比較する．次に，コケ植物と初期陸上植物の気
孔の存在部位と働きを現生植物と比較し，気孔の起源と役割を推定する．さ
らに，異なる地質年代に分岐した4種の維管束植物の気孔を取り上げ，そ
の構造とガス交換能を調べ，構造と機能進化の関係を検証する．最後に気孔
の働きを支える気孔腔，副細胞の役割や変遷を述べる．

　気孔の起源と進化は，地質年代が特定された化石植物の気孔の構造から知
ることができるだろう．しかし，必要な時代の適切な化石が手にはいるとは
限らない．気孔の最古の化石はクックソニアのもので，気孔のかたちは現生
植物の孔辺細胞が腎臓型のものに類似しており，気孔の起源はそれ以前とい
うことになる．しかし，そこに至る前の気孔の祖先，あるいは，表皮細胞か
ら孔辺細胞への進化の中間状態の構造，などは見つかっていない．気孔の起
源については不明点が多く，以下には，初期の気孔が形成されたのちの進化
の過程を中心に調べて行こう．
　初期陸上植物に最も近い体制をもつ現生植物はコケ植物であり，気孔はコ
ケ植物と維管束植物の共通の祖先にすでに備わっていたと思われることか
ら，コケ類に気孔の起源や進化の道筋が隠されているだろう．気孔は，非維
管束植物であるコケ植物のツノゴケ類と蘚類の多くものと，ミズニラ類の一
種を除いた陸生の維管束植物のすべてに備わっている．維管束植物は，その
共通祖先から，はじめに小葉植物（コラム 1.1）が分岐し，それ以外の植物
は大葉シダ植物と種子植物に分岐し，種子植物は裸子植物と被子植物を生み
出した，と推定されている[3-1]（図 1.2，図 3.1）．

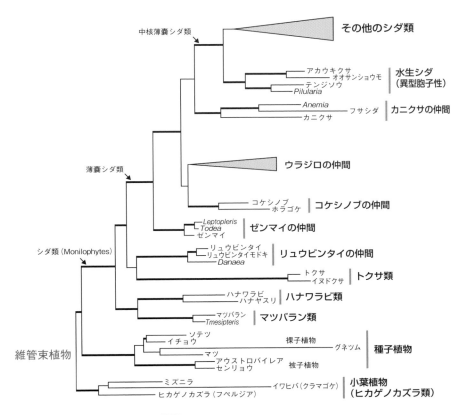

中核薄嚢シダ類

その他のシダ類

アカウキクサ
オオサンショウモ
テンジソウ
Pilularia

水生シダ
（異型胞子性）

Anemia
フサシダ
カニクサ

カニクサの仲間

ウラジロの仲間

コケシノブ
ホラゴケ

コケシノブの仲間

薄嚢シダ類

Leptopteris
Todea
ゼンマイ

ゼンマイの仲間

リュウビンタイ
リュウビンタイモドキ
Danaea

リュウビンタイの仲間

シダ類（Monilophytes）

トクサ
イヌドクサ

トクサ類

ハナワラビ
ハナヤスリ

ハナワラビ類

マツバラン
Tmesipteris

マツバラン類

ソテツ
イチョウ
マツ
アウストロバイレア
センリョウ

裸子植物
グネツム

被子植物

種子植物

維管束植物

ミズニラ
ヒカゲノカズラ（フベルジア）
イワヒバ（クラマゴケ）

小葉植物
（ヒカゲノカズラ類）

図 3.1　維管束植物の系統樹
シダ植物は 4 種類の遺伝子の情報に基づいて系統解析がなされた．線の太さは
この系統を支持する証拠の大きさを反映している．（Pryer *et al.*, 2004; 伊藤元
己, 2012 より改変）

3.1　コケ植物（Bryophytes）の気孔

　コケ植物は苔類（liverworts），蘚類（mosses），ツノゴケ類（hornworts）
からなる．苔類は気孔をもたず，蘚類とツノゴケ類は気孔を備えるものが多
い．この事実と分子系統学の知見から，苔類が最初に現れ，そののち蘚類と
ツノゴケ類に分岐したとされた [3-2]．しかし，最近の研究によると苔類, 蘚類,

ツノゴケ類には共通の祖先があり，この共通の祖先からツノゴケ類が最初に分岐し，そののち苔類と蘚類に分岐したとされる[3-3, 3-4, 3-5]（図 1.2）．ここでは，この考えに従いツノゴケ類，蘚類，苔類の順に述べる．ツノゴケ類は約 150 種，蘚類は約 13,500 種，苔類は約 8,000 種が報告されている．

　植物の生活環には単相（n）の配偶体世代と複相（$2n$）の胞子体世代がある．コケ植物は配偶体が主要な生活世代で，胞子体は配偶体から栄養をもらって成長する．それに対して，シダ，裸子植物，被子植物などの維管束植物は胞子体が主要生活世代である．コケ植物の細胞壁にはリグニンが沈着せず，強固な維管束は形成されない．維管束を備えた胞子体世代は，植物が陸上環境に適応する過程で獲得したものと思われ，コケ植物の生活環と体制は植物が陸地に進出した初期の様相を残していると考えられる．以下に紹介する形態観察の多くは "Stomatal Function" に採録された Ziegler, I. の研究に基づいている[3-6]．出現年代の異なる植物の気孔の形態をたどることによって，気孔の進化の様子がわかるだろう．

3.1.1　ツノゴケ類

　ツノゴケ類の胞子体はツノ状で配偶体上に伸びており，底部を除いてそのほとんどが胞子嚢で，胞子体の表面に気孔が存在する（図 3.14 参照）．ナガサキツノゴケの気孔はあとで述べる薄嚢シダに見られる "原型"（"archetype"）に近く（3.3.5 項参照），孔辺細胞の細胞壁は腹側，背側，外側，内側ともに薄くほぼ均一の厚さである（図 3.2A）．膨圧が増大すると外側壁と内側壁が上下方向に膨らみ孔辺細胞は縦方向に変形し，緩んでいた腹側壁が緊張して気孔が開く．膨圧増大が気孔開口に反映されにくい原初的な特質を示し，この様相は気孔の "原型" と言われるものに近い．気孔の形は維管束植物に似ており，気孔形成に関わる遺伝子も揃っており相同性が見られた．

　ツノゴケ類の気孔は，いったん開くと孔辺細胞の膨圧が低下しても閉じない[3-7, 3-8]．一方，気孔に加えて，緑藻に見られる葉緑体の CO_2 濃縮機構であるピレノイドを有し，陸上植物と藻類の両方の特徴を備えている．ツノゴケ類の胞子体は寿命が長く，活発な光合成を行い，配偶体からある程度独立しており，維管束植物の特徴を示し始めている[3-4]．

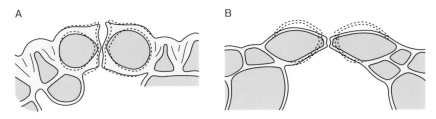

図 3.2　コケ植物ツノゴケ類と蘚類の気孔の断面と気孔開口
A：ツノゴケ類ナガサキツノゴケ（*Anthoceros punctatus*）．B：蘚類オキナ
スギゴケ（*Polytrichum strictum*）．実線が閉鎖，破線が開口状態を示して
いる．孔辺細胞はいずれも縦方向に変形した．（Ziegler, 1987 より改変）

3.1.2　蘚　類

　蘚類の胞子体は，下から基部，胞子嚢柄，胞子嚢からなり，胞子嚢の成熟
に伴い急速に伸長する．多くの場合，胞子嚢の頸部に大きな気孔が存在し，
柄の部分にはない[3-9]．

　オキナスギゴケでは，孔辺細胞の外側壁と内側壁は薄く柔軟性があり（図
3.2B），孔辺細胞が膨らむとこの2つの側壁が湾曲する．背側壁は表皮細胞
の硬い細胞壁に固定されており湾曲することはない．その結果，横に長い孔
辺細胞が上下に伸びて横幅が縮み，腹側壁に挟まれた気孔が開く．その様子
を破線で表した．のちに述べる気孔の"原型"（3.3.5 項参照）に近い．

　蘚類の孔辺細胞は表皮細胞より大きいか同じくらいで，多くの維管束植物
のものより大きい[3-9]．蘚類の一部の分類群では，胞子体の光合成低下にと
もなって，気孔の数が減少したり変形したり奇形になったり様々である．蘚
類胞子体の気孔は，ある程度開閉すると言われる．

3.1.3　苔　類

　苔類の代表としてゼニゴケを取り上げる．ゼニゴケの配偶体（n）は葉状
体といわれ，扁平で枝分かれした構造（同化糸）に多くの葉緑体を有し，盛
んに光合成を行う．胞子体（$2n$）はツノゴケ類や蘚類のものと形態が異なり，
胞子嚢が胞子を散布するとすぐに枯れてしまい短命である．配偶体も胞子体
も気孔をもたず，葉状体には気室孔（air pores）と言われる独特の構造がある．

　気室孔は葉状体の背面（上面）表皮の全面に多数分布している直径

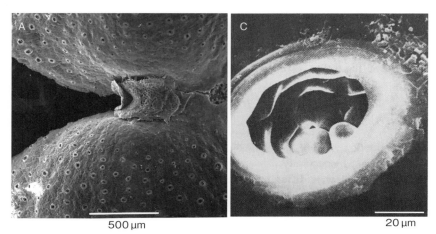

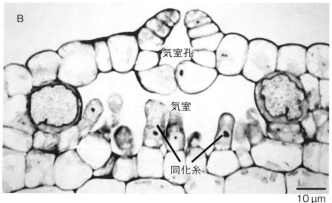

図3.3　ゼニゴケの気室孔
　A：ゼニゴケ葉状体の気室孔の走査型電子顕微鏡像．B：気室孔と
気室の縦断面．C：ツヤゼニゴケ（*Marchantia paleacea*）の気室孔
を上から見た走査型電子顕微鏡像．（Aは嶋村正樹博士 撮影提供．
Bは嶋村正樹, 2012 より改変・作図．Cは Ziegler, 1987 より）

100 µm ほどの樽型の孔で（図3.3 A），その直下には気室が広がっている．
気室の周りには多数の葉緑体が配置され，気室孔から流入した CO_2 はすば
やく同化糸の葉緑体に到達し，光合成が進む[3-10]（図3.3B）．
　苔類の気室孔と気室の関係は，維管束植物の気孔と気孔腔の関係に似てい

る．気室孔は開閉しないとされるが，気室孔の最も底部の細胞は，膨圧変化により孔の大きさを調節し，通気を制御するとの報告もある．

　気室孔に水が入り気室を満たすと CO_2 拡散が抑えられる．気室孔には中心に向かって突き出た虹彩のような構造があり，雨水の浸入を防いでいる（図3.3 C）．この構造も気孔の突起構造と機能が類似している．このように，ゼニゴケの気室孔は気孔と類似点がある．しかし，気室孔の形成には気孔分化に関わる遺伝子は関与せず，他の植物の気孔とは系統発生的に別系譜である[3-6, 3-11]．

3.2　小葉植物（Lycophytes）の気孔

　現生の小葉植物は3つの分類群，イワヒバ類，ヒカゲノカズラ類，ミズニラ類からなり，いずれも草本で胞子で増殖する（図3.1）．これらの植物はシダ植物（大葉）と異なり小葉をもっている．最も古いものはデボン紀初期に出現したといわれ，石炭紀には厚い樹皮が鱗状を呈した木本のリンボク（鱗木）などが大森林を形成した．しかし，その多くは石炭紀の終わりに絶滅した．イワヒバやフペルジアなど多くの種類が観葉植物として利用される．

3.2.1　イワヒバ類

　イワヒバ（*Selaginella tamariscina*）が代表的であり，岩上に生え，別名をイワマツともいう．他のイワヒバ類の植物と同様に針状の細い葉をもち，気孔は“原型”とやや異なる（図3.4 A）．外側壁と背側壁が厚く，内側壁の背側に近い部分と，腹側壁の中央部が薄い．外側壁の突起部が良く発達し，内側壁では発達しない．細胞壁は部分的にリグニン化している．内側壁の薄い部分が気孔腔の方に湾曲し，腹側壁の緩んだ薄い部分が引っ張られ気孔が開くと考えられる．気孔腔が狭く内側壁の湾曲が窮屈である．隣接する表皮細胞との境界部分は厚く短い[3-6]（図3.4 A）．

3.2.2　ヒカゲノカズラ類

　フペルジア（*Huperzia prolifera*）が代表例で，針状の葉をもち気孔は“原型”に似る．のちほど，フペルジアを対象に詳細な記載がなされる（3.8節参照，図3.22）．

3.2.3　ミズニラ類

　ミズニラ（*Isoetes japonica*）が代表的な種で，多くは水中生活をする．水中生活をしないものに気孔がある．上下に膨らみ孔辺細胞が縦長になり，腹側壁が離れ気孔が開くと考えられる（図 3.4B）．アンデス山中に見つかった気孔をもたないスタイライツ（*Stylites andicola*）は，この仲間である（1.7節参照）．

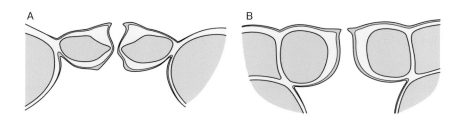

図 3.4　小葉類の気孔
　A：イワヒバ（*Selaginella tamariscina*）．　B：ミズニラ（*Isoetes japonica*）．気孔の断面を示した．小葉類の気孔開口の詳細な例は図 3.22 に示した．(Ziegler, 1987 より改変)

3.3　シダ植物（Monilophytes）の気孔

　大葉シダ植物は胞子で増殖し，マツバラン類，ハナワラビ（ハナヤスリ）類，トクサ類，リュウビンタイ類，および，薄嚢シダ類がある（図 3.1）．その多様な形態から気孔も多様で，シダ類の特徴をひとまとめにするのは困難である．コケ植物ではリグニン化は見られず，シダ植物になってリグニン化が進み，孔辺細胞の一定方向への変形が可能になったと考えられる[3-6]．

3.3.1　マツバラン類

　マツバラン（*Psilotum nudum*）はデボン紀の古生マツバランと形態が似ている．しかし，大葉を有していたものが，いったん獲得した葉を進化の過程で二次的に失ったもので，むしろハナヤスリの仲間に近い（図 3.1）．葉と茎の区別は明確でなく，茎は光合成組織として多くの気孔を備え，内部に CO_2 や O_2 の通路になる気相空間が発達している．孔辺細胞の外側壁と背側壁は

一体化して極めて厚い（図3.5A）．腹側壁と内側壁が薄く，膨圧上昇によって内側に湾曲することにより，縦に伸びて腹側壁が引っ張られ，気孔が開くと考えられる．

3.3.2 ハナワラビ類

気孔の形は，マツバランや裸子植物のものと良く似ている．

3.3.3 トクサ類

トクサ（*Equisetum maximum*）の気孔はユニークな形である（図3.5B）．孔辺細胞の外側壁と背側壁を覆うように副細胞が発達し，副細胞には厚い外側細胞壁がある．副細胞の厚い腹側壁部が気孔を形成している．気孔開口時には孔辺細胞が横長から球状になり，副細胞を押し，同時に，腹側壁部を引っ張り気孔が開口すると考えられる．裸子植物の気孔の構造と似ている．

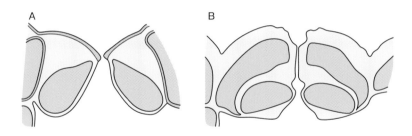

図3.5　マツバランとトクサの気孔
　A：マツバラン（*Psilotum nudum*）．B：トクサ（*Equisetum maximum*）．気孔の断面を示した．（Ziegler, 1987 より改変）

3.3.4 リュウビンタイ類

気孔の形から薄嚢シダにつながる初期の型と推定される．薄嚢シダ類とリュウビンタイ類とは共通の祖先から分岐したと考えられ（図3.1），形態が類似している．おそらく，薄嚢シダと同様の気孔開口を示すだろう．

3.3.5 薄嚢シダ類

シダ植物のなかで最も繁栄している一群で，現生シダの95％以上を占める（図3.1）．種類も生育地域も広範にわたり，特徴をひとまとめにはできない．ホウライシダ（*Adiantum capillus-veneris*）の例を挙げよう（図3.6）．孔

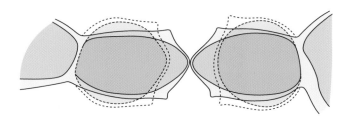

図 3.6　薄嚢シダ類　ホウライシダの気孔開口
気孔の断面を示した．孔辺細胞が縦長に変形し気孔が開口する．
"原型" の特質を示す典型例である．（Ziegler, 1987 より 改変）

辺細胞は外側壁と内側壁が薄く腹側壁の中央部が薄い．一方，背側壁は厚く
動きにくい．この型の気孔は，孔辺細胞が膨らむと外側壁と内側壁が湾曲し，
孔辺細胞が縦長になり気孔が開く．この性質は気孔の "原型"（"archetype"）
の典型例である．
　ここで，コケ植物からシダ植物の気孔開口の特徴をまとめておこう．コケ
植物のツノゴケ類や鮮類に見られた気孔の変形様式が，シダ植物のなかで最
も新しく出現した薄嚢シダにまで維持されたように思われる（図 3.2, 図 3.6）．
その特質は，孔辺細胞は縦方向に膨張し，腹側壁が緊張して気孔が開口する
ことである（図 3.7）．背側壁はほとんど変化しない．

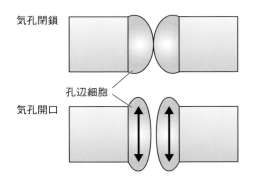

図 3.7　非被子植物孔辺細胞の変形様式と気孔開口のモデル
気孔開口の "原型" をモデル化したものである．矢印は孔辺細胞の
変形の方向を示している．（Brodribb & McAdam, 2017 より 改変）

3.4　裸子植物（Gymnosperms）の気孔

　裸子植物は古生代デボン紀後期に出現し，中生代に繁栄した植物群で，中生代末期に被子植物に主役の座を奪われて，現在ではやや寒冷な地域を中心に針葉樹などの群落を形成している．ソテツ類，イチョウ類，グネツム類，球果類よりなる（図3.1）．

　裸子植物の気孔は，多くの場合葉の長軸方向に一列にならび，種類によって特徴的な構造を有している．イチョウ（*Gingko biloba*）の孔辺細胞は，外側に前室を囲むように隆起した大きな細胞に囲まれ（副細胞の一種），中心の喉（孔）のある部位はクチクラが延伸する（図3.8 A）．この形状は多くの裸子植物で見られ，トクサのもの（図3.5 B）と類似している．前室と突起構造が水の浸入を防いでいる．

　特に外側壁と背側壁が強くリグニン化され，腹側壁はその程度が弱い．イチョウ（図3.8A）やグネツム（*Gnetum gnemon*）（図3.8 B）のようにリグニン化が背側壁のみのもの，サゴソテツ（*Dioon edule*）（図3.8 C）のように背

A

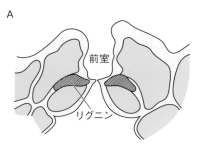

B

C

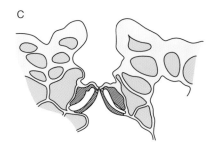

図3.8　裸子植物の気孔
A：イチョウ（*Gingko biloba*）．B：グネツム（*Gnetum gnemon*）．C：サゴソテツ（*Dioon edule*）．気孔の断面を示した．黒塗りはリグニン化した部位を示す．
（Ziegler, 1987 より改変）

側壁と腹側壁のものがある．気孔は前室に覆われ埋まり込んで存在するものが多い．しかし，いずれも外側壁の突起部が孔を形成しており，孔辺細胞が膨らみ横長から球状あるいは縦長になり，薄い内側壁が気孔腔へ湾曲し，気孔が開くと考えられる [3-6)]．

裸子植物が古生代末期の乾燥化した時期に出現し，ペルム紀の寒冷気候で優勢となり，現生の裸子植物の多くが寒冷地域に群落を形成する針葉樹であることを考慮すると，埋まり込んだ気孔の構造は，寒冷で乾燥した環境に適応する方向に進化したと推測される．

3.5　被子植物（Angiosperms）の気孔

被子植物の気孔の構造も多様である．孔辺細胞の形，細胞壁の構造，孔辺細胞と副細胞との相互作用などから腎臓型と亜鈴型の 2 つの型に，さらに，腎臓型は孔辺細胞の変形の仕方から 2 つに分けられる．

まず腎臓型孔辺細胞の主要な 2 つの型について述べる．ヘレボラス（*Helleborus*）型は，単子葉植物，双子葉植物ともに最も広く見られ，腹側壁の中心部と背側壁が薄く，外側壁と内側壁が厚い（図 3.9 A）．孔辺細胞は上下に膨らみ，緩んでいた腹側壁が緊張し，同時に背側壁が湾曲し表皮細胞に割り込み，気孔が開く [3-6)]．アマリリス（*Amaryllis*）型は，孔辺細胞の腹側壁，外側壁，内側壁の一部が厚く，背側壁が薄い（図 3.9 B）．その結果，上下への変形は限られ，孔辺細胞が膨らむと薄い背側壁側に大きく割り込み，気孔

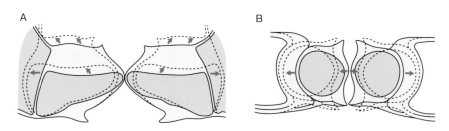

図 3.9　被子植物の腎臓型孔辺細胞をもつ気孔の開口
A：ヘレボラス型．B：アマリリス型．実線は気孔閉鎖時を，
破線は開口時を表す．（Weyers & Meidner, 1990 より改変）

が開く．多くの植物の気孔はこの2つの変形様式の組み合わせで開口する．

腎臓型孔辺細胞を有する植物では，孔辺細胞が表皮細胞に割り込むことがその特質である．これを可能にするのは，孔辺細胞と隣接表皮細胞の大きな相互作用と，孔辺細胞の長軸に直交して配向しているセルロース微繊維の存在である（図3.10）．セルロース微繊維は孔辺細胞に巻き付いてタガのように働き，孔辺細胞はセルロース微繊維と直角方向にアコーディオンのように変形する．開口部は10 μmほどになる．

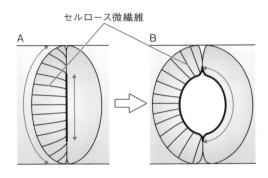

図3.10　腎臓型孔辺細胞をもつ気孔の開口とセルロース微繊維
A：気孔閉鎖．B：気孔開口．孔辺細胞の気孔側の細胞壁は厚く，表皮細胞側は薄い．表皮細胞側に湾曲することによって，厚い腹側壁が引っ張られている．

もう1つはイネ科に広く見られる亜鈴型の孔辺細胞である．亜鈴型孔辺細胞では，両端の球状部の細胞壁は薄く，球状部をつなぐ細い中央部の細胞壁は厚くなっている．球状部には孔辺細胞の長軸方向にセルロース微繊維が配向しており，長軸と直角方向に膨らみ，球状部が互いに反発して中央部がスリット状に開口する（図1.8）．開口部は4 μmを越えることはほとんどない．

双子葉植物（dicotyledons）は裸子植物から進化したとされる．その時期は三畳紀あるいはジュラ紀といわれる．双子葉植物の孔辺細胞は腎臓型である．気孔の向きは単子葉植物と異なりランダムで，葉脈が網目状になっていることと関連している（図1.5）．モデル植物シロイヌナズナは双子葉植物の代表的な種である．

単子葉植物（monocotyledons）は双子葉植物から進化し，約1億5000万年前に分岐したとされる．気孔は，ツユクサのように同じ方向を向いているか，あるいは，トウモロコシのように同じ方向を向いて列になっており，腎

臓型または亜鈴型の孔辺細胞からなる（図 1.5）．亜鈴型孔辺細胞はイネ科植物（Gramineae）のすべてとカヤツリグサ科（Cyperaceae），ヤシのアレコイド系統（Arecoid Palmae），トウツルモドキ科（Flagellariaceae）などに見られる．

3.6　化石植物の気孔

　これまで，現生植物の気孔の構造について述べてきた．構造が良く保存された化石植物ライニー植物群の気孔と比較してみよう．これらの植物群は形態の類似から古生マツバラン（*Rhynia major*）とも言われる．しかし，すべての種が絶滅し，現生のマツバランとは遺伝的に関連しない．古生マツバランの植物体はクチクラで覆われ，気孔は胞子嚢を支える茎にあり，茎が光合成を行い葉がなかった．孔辺細胞の細胞壁は，外側壁が厚く，腹側，内側，背側は薄くほぼ同じ厚さで，外側壁に突起があった（図 3.11A）．この突起は，現生植物でも幅広く見られ，水の浸入を防いでいる．薄い内側壁を湾曲させて細胞が縦に伸び，腹側壁が緊張し，気孔が開くと考えられる[3-12]．上下に膨張するのではなく下方にのみ膨らむのは，気孔の“原型”よりもさらに不自由で原始的な特質であり，加えて気孔腔に相当するスペースが狭く窮屈である．この気孔は，現生の小葉植物のものに似ており，コケ植物，シダ植物，裸子植物にも類似点がある（3.8 節，図 3.22 参照）．

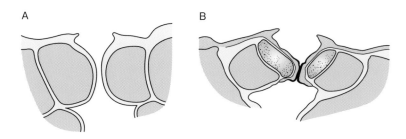

図 3.11　ライニー植物群の気孔
　A：古生マツバラン（*Rhynia major*）．B：アステロキシロン（*Asteroxylon mackiei*）．古生マツバランは初期陸上植物の特質を色濃く残している．小葉植物のアステロキシロンは腹側の細胞壁が厚く，背側が薄い．（Ziegler, 1987 より改変）

　ライニー植物群のアステロキシロン（*Asteroxylon mackiei*）は絶滅小葉類に属する初期の維管束植物で，気孔は古生マツバランのものとは趣を異にしている．孔辺細胞は，外側壁が厚く，リグニン化された厚い腹側壁と，やや薄い背側壁をもち，内側壁方向に膨張し，同時に，背側に湾曲して気孔が開口すると考えられる（図3.11B）．

　これまで気孔構造の変遷を述べてきた．時を経る中で，様々な構造の有利な特長が取り入れられ，孔辺細胞の体積増大が気孔開口に効果的に反映されるようになっていく過程がうかがえる．初期の気孔では，孔辺細胞の断面が縦長に変形し，緊張した腹側壁の間に生じる隙間が気孔開口を生み出し，"原型"と呼ばれる．この型の気孔は，外側壁と内側壁が薄く，かつ，隣接する表皮細胞との相互作用が小さいことが共通の特徴で，初期陸上植物や多くのシダ植物で観察される．興味深いことに，絶滅小葉植物のアステロキシロンでは，"原型"と異なり孔辺細胞が表皮細胞側に湾曲し（図3.11B），この変形様式は被子植物に受け継がれたように思える（図3.9）．この型の気孔は，現生の乾生植物の気孔にも類似している．乾生植物は，砂漠や氷雪に覆われ水の少ない環境に生育する．孔辺細胞が表皮細胞側に湾曲する特質は，現生の小葉植物にはほとんど見られない．

　以上のことから，腎臓型孔辺細胞からなる気孔の進化を図式化した（図3.12）．分岐年代の早い非被子植物では"原型"に代表されるように，孔辺細胞は縦方向に膨張し，腹側壁が緊張し，孔辺細胞間に隙間を生じ気孔が開く．被子植物の気孔は，縦と横の両方に孔辺細胞が膨張し，加えて表皮細胞側へ湾曲，進入することによって，効果的に開口する構造になっている[3-13]．

　シダ植物から進化し，そのなかから被子植物が生み出された裸子植物はどうであろうか？　裸子植物の気孔は多様で，必ずしも被子植物への移行過程を示していない．多くのシダ植物では，外側壁に突起部をもち水の浸入を防いでいる．裸子植物はこの構造があまり発達せず，前室といわれる構造を形成し，水の侵入を防いでいる（図3.8）．一方，被子植物では前室は消失し，シダ植物に見られた外側壁の突起が発達する．

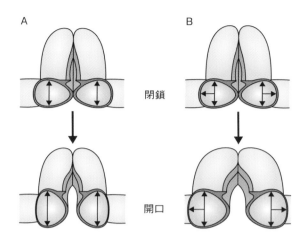

図 3.12　腎臓型孔辺細胞をもつ気孔開口の進化のモデル
A：非被子植物．B：被子植物．それぞれの図の上部は正面から，下部は断面を示している．断面の矢印は，孔辺細胞の膨らむ方向を示す．(Sussmilch *et al*., 2018 より改変)

3.7　初期陸上植物の気孔の役割

　気孔の構造と開口様式の進化について述べてきた．しかし，初期陸上植物の気孔の役割については言及しなかった．維管束植物の気孔は，開口して CO_2 の取り入れと蒸散を行い，閉鎖して水分の消失を抑制するなど，植物と外気間のガス交換の制御がその役割である．驚いたことに，初期陸上植物の気孔の役割はこれと同じでない．初期陸上植物，および，これらに体制の近い現生植物の気孔の役割について述べよう．

　化石陸上植物クックソニア（*Cooksonia pertoni*）は，ウェールズの古生代シルル紀地層（約 4 億 2500 万年前）に発見された．この植物は，二股に分枝した茎の先端に楕円形の胞子嚢をつけ，胞子嚢をささえる茎の頚部に少数の大きな気孔がある[3-14]（図 1.3, 図 1.4）．スコットランドのデボン紀後期（約 3 億 9000 万年前）の地層で見つかったライニー植物群もクックソニアと類似の形態で，胞子嚢付近の狭い部位に少数の大きな気孔をもっていた[3-15]．アグラオフィトンがその例である（図 1.4）．

　現生のコケ植物，ツノゴケ類や蘚類の気孔も，胞子嚢，あるいは，胞子嚢基部に見出され，クックソニアやライニー植物群のものと，大きさ，存在部位，形態が似ている．おそらく，初期陸上植物とコケ植物の気孔の役割は同一であろう．以下に，現生コケ植物の気孔の働きについて見ていこう．

3.7.1　ツノゴケ類

　ツノゴケ類のミヤケツノゴケ（*Phaeoceros laevis*）は葉状体上にツノ状の胞子体を生じ，胞子体に気孔が存在する（図3.13）．気孔が成熟するにつれて，孔辺細胞の腹側壁が分離することにより開口がはじまり，開口したまま維持され，そののち，孔辺細胞は縮小，崩壊する[3-7]．気孔腔と細胞間隙はペクチンを含む粘液で満たされているが，気孔開口によって最初は気孔腔の，ついで，細胞間隙の粘液が消失する．それにともない胞子嚢内にある胞子が成熟，乾燥し，気孔は褐色に変色する（図3.14）．胞子嚢は先端から順に成熟し，先端部が縦に裂開し，胞子を散布する．

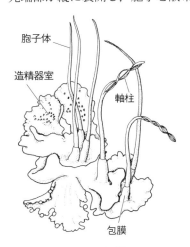

図3.13　ミヤケツノゴケ
扁平な葉状体から伸びた多数の細長い胞子体に気孔がある．胞子体全体が胞子嚢で，これを支える包膜といわれる足のような構造がある．（岩月善之助，1997 より：中島睦子 作図〔Hasegawa, 1984 を改変〕）

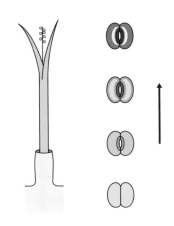

図3.14　ツノゴケの胞子体と胞子嚢の気孔形成と裂開
左は裂開したツノゴケの胞子嚢である．右は気孔の成熟とそれにともなう開口を示す．矢印は成熟の方向を示している．（Renzaglia *et al.*, 2017 を改変）

　ツノゴケ類の気孔は大きく（50 〜 80 μm），初期陸上植物の化石のものと似ている[3-15]．孔辺細胞には 1 個の大きな葉緑体があり，気孔開口と老化の誘発に寄与しているだろう．ツノゴケ類の気孔は，胞子嚢の乾燥を促すことにより，胞子嚢の裂開と胞子散布を促進することがその役割で，初期陸上植物における機能を保持していると思われる[3-7]．ツノゴケ類には気孔をもたない種類があり，この種は胞子散布を水中で行い，胞子嚢の乾燥を要しない．

3.7.2　蘚　類

　蘚類ヒメツリガネゴケ（*Physcomitrella patens*）は葉と茎が区別される茎葉体（*n*）を有し，茎葉体の上部に球状の胞子嚢（*2n*）があり，その基部に気孔が形成される．この植物は全ゲノムが解明され遺伝子導入が可能なことから，シロイヌナズナのゲノム情報を参照して，気孔の機能解明の手がかりにできる．気孔を形成できない変異体が取得され，この特質を利用してヒメツリガネゴケの気孔の役割が明らかになった．

　後述するが，シロイヌナズナの気孔は異なる DNA 情報が順次転写されることにより形成される．この過程には複数の bHLH（basic-helix-loop-helix）型の転写因子，SPCH，MUTE，および FAMA-like と，別のクラスの bHLH型転写因子，SCRM1 と SCRM2 が働く[3-16]（7 章参照）．これらの転写因子と同様の働きが想定されるオーソログ，*PpSMF1* と *PpSCRM1* がヒメツリガネゴケに存在する．そこで，この 2 種類の転写因子のノックアウト変異体，*ΔPpSMF1* と *ΔPpSCRM1* が作出された[3-9]．

　野生型では胞子嚢基部に 10 数個の気孔が形成された（図 3.15A,B）．一方，変異体には気孔が形成されなかった．興味深いことに，2 種類の変異体における胞子体の形態，胞子の形成，胞子の成熟は野生型と同じで，胞子嚢の裂開が遅くなっただけで，その遅れは *ΔPpSMF1* で顕著で，*ΔPpSCRM1* でも大きな遅れが認められた（図 3.16）．つまり，気孔がなくても胞子の散布が遅くなっただけで，他の過程には影響しなかった．ヒメツリガネゴケの気孔は光合成や成長，形態形成には関与せず，繁殖に寄与することになる．

　ヒメツリガネゴケでは，1 個の孔辺細胞の中心にドーナツ状の気孔を生じる（図 3.17，7.1 節参照）．1 個の孔辺細胞から気孔が形成される特質は，ヒ

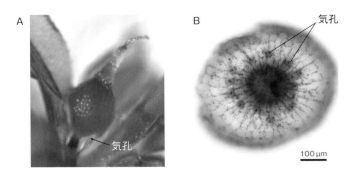

図3.15　ヒメツリガネゴケの胞子嚢と胞子嚢の断面
A：シュートの先端部で成長中の胞子嚢で，その基部に気孔が形成される．(R. Haas 撮影，フライブルク大学 R. Reski 研究室)
B：胞子嚢基部の横断面．横断面付近の気孔を一面にそろえて表示した．(R. Caine 撮影，シェフィールド大学)

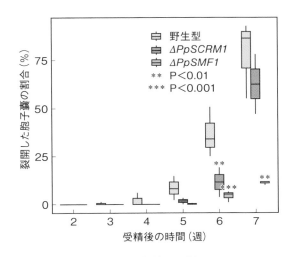

図3.16　気孔の欠失と胞子嚢裂開の遅れ
気孔を欠失したヒメツリガネゴケの表現型が調べられた．変異体 *ΔPpSMF1* は裂開の遅れが顕著で，*ΔPpSCRM1* では受精後 6 週目には大きな遅れが見られた．図には示されていないが，変異体の胞子の形成，形態，成長は差がなかった．(Chater *et al.*, 2016 より改変)

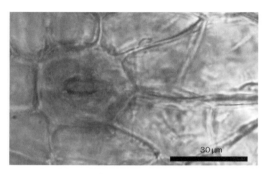

図 3.17　ヒメツリガネゴケのドーナツ状の気孔
ドーナツ状の気孔は，孔辺母細胞の細胞質分裂が不完全である
ためと考えられる．（R. Caine 撮影，シェフィールド大学）

メツリガネゴケが属するヒョウタンゴケ科の特徴である．

　このように，コケ植物と維管束植物では気孔の役割が異なる．また，初期
陸上植物のクックソニアや古生マツバランも気孔の存在部位が類似している
ことから，コケ植物の気孔と同様の役割をもつことが推定される．つまると
ころ，気孔は，元来の胞子散布を促進する再生産的役割から，光合成や蒸散
を制御する生産的役割に進化したといえる．また，ツノゴケ類や蘚類の胞子
嚢が配偶体から養分をもらって成長することから，気孔は水の流れを促進し，
胞子嚢への養分輸送にも一役買っているだろう．

3.7.3　気孔の起源は単一

　気孔が単一の祖先に由来するのか，複数の祖先をもつのか，議論がある．
コケ植物と維管束植物の気孔の役割に違いがあり，気孔腔の様相が異なる
ことから，複数説を唱える研究者もいる[3-17)]．しかし，気孔形成に必須の転
写因子が，ヒメツリガネゴケと被子植物で同様に機能していること[3-9)]，ツ
ノゴケにも維管束植物と類似の気孔形成に関わる遺伝子が揃っていることか
ら，気孔やその形成に関わる遺伝子群はコケ植物と維管束植物の共通祖先に
すでに備わっていたと考えられる．気孔はただ一度発生し，コケ植物が分岐
する過程で苔類や蘚類の一部で二次的に失われたのだろう[3-4, 3-5)]（図 3.18）．

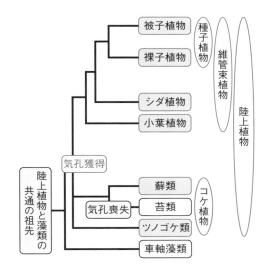

図 3.18 植物の系統と気孔の獲得と喪失
気孔はコケ植物と維管束植物の共通祖先ですでに獲得され，コケ類が分岐する過程で蘚類の一部と苔類で気孔の喪失が起きた．(Sussmilch, 2019 より改変)

3.7.4 気孔の機能拡大に存在部位が関与

気孔の役割は，初期陸上植物やコケ植物と維管束植物では異なることを述べた．前二者の気孔が胞子嚢の乾燥と胞子の散布が役割の中心であるのに，後者の気孔の役割は，光合成に必要な CO_2 の取り込みと蒸散を制御し，植物の成長を支え，様々な環境に適応させることである．気孔が新たな機能を備えるには，胞子嚢基部の局在から，葉，茎，花など，植物体全体へ分布の拡大が必要であっただろう．

初期陸上植物では，気孔のない配偶体が光合成を担い，CO_2 は体表面を透過して葉緑体に到達しただろう．CO_2 濃度の高かったシルル紀 - デボン紀では細胞壁は障壁にならず，体表面からの吸収でまかなわれたと思われる．

最も初期の維管束植物はデボン紀初期に出現した小葉植物である．現在は絶滅してしまったが，リンボクなどの木本の大型小葉植物が森林を形成し，光合成による大気 CO_2 濃度の低下によって，気孔密度の上昇と大葉植物の発生を誘発しただろう．コケ類，小葉類，大葉シダ類，裸子植物，被子植物の順に出現し，小葉類はコケ類と被子植物の中間に位置している．

初期陸上植物やコケ植物では胞子嚢に少数の気孔が見られる．現生の被子

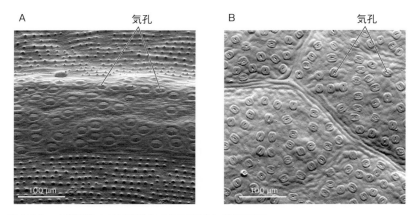

図 3.19　小葉植物と被子植物における気孔の分布の違い
　A：イワヒバと B：アカガシワの葉面の気孔．多くの小葉植物では，葉脈の直下に気孔が帯状に存在している．それに対して，被子植物のアカガシワでは均等に，むしろ，葉脈をさけるように分布する．（Brodribb *et al.*, 2020. S. McAdam 撮影提供）

植物では葉の全面にわたって多数の気孔が分布し，$1\,mm^2$ 当たり数十から数百個存在する（表 1.2）．この局所から全体への分布の移行の中途過程を現生の小葉類に見ることができる．小葉類イワヒバ（*Selaginella tamariscina*）の気孔はかなりの数に達するが，葉脈上に限局される（図 3.19A）．それに比べて，広葉樹のアカガシワ（*Quercus rubra*）では葉面全体にほぼ均一に分布し，密度も高い [3-18]．小葉植物の気孔は初期陸上植物と被子植物の中間状態を示している．

　また，クックソニアやその他の初期陸上植物は気孔をもつものの，通導組織細胞壁の肥厚は認められず，維管束植物とはみなされない [3-1]．一方，気孔は維管束をもたないコケにも見られる．気孔は維管束より早い時期に形成されたのである．

　気孔は，小葉植物では葉の維管束周囲に集中しているのに比べ，現生の被子植物では，葉全体に広く分布している．気孔のあるところに維管束が形成され，より洗練された水の獲得（根）と輸送系（維管束）の形成を促したものと推測される．こうして，気孔は葉全体に分布し，通導組織と光合成組織の機能の連携を強めただろう．

3.8 分岐年代の異なる植物の気孔機能の実験的検証

　気孔は，様々な構造を生み出しながら，徐々に開閉応答能の高い器官に改善され，絶えず変化する過酷な環境に植物を適応させてきた．その変遷の概要を図 3.12 に模式化した．ここでは，気孔の構造変化が機能向上につながったことを，系統の異なる植物を対象に実証的に取り上げる．

3.8.1 　植物の進化と気孔の形状

　フペルジア（*Huperzia prolifera*：小葉植物），セイヨウタマシダ（*Nephrolepis exaltata*：薄嚢シダ），オオムラサキツユクサ（*Tradescantia virginiana*：単子葉植物），パンコムギ（*Triticum aestivum*：イネ科植物）の 4 種が選択された[3-19]

　フペルジアの気孔には副細胞はなく，初期陸上植物のものに類似し，気孔の開口部に比べて孔辺細胞の幅が大きい（図 3.20A）．セイヨウタマシダの

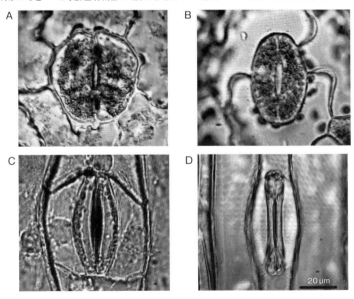

図 3.20　分岐年代の異なる植物の気孔
　A：フペルジア，B：セイヨウタマシダ，C：オオムラサキツユクサ，
　D：パンコムギの気孔．（Franks & Farquhar, 2007 より）

気孔も副細胞を有せず"原型"に近く，孔辺細胞は多くの葉緑体を含む（図3.20B）．オオムラサキツユクサとパンコムギは，いずれも孔辺細胞に隣接して副細胞をもつ．フペルジア，セイヨウタマシダ，オオムラサキツユクサ（図3.20C）の孔辺細胞は腎臓型で，パンコムギは亜鈴型である（図3.20D）．

　小さい気孔装置（孔＋孔辺細胞）に大きな"孔"を構成すれば，効率のよいガス交換能が得られるだろう．気孔開口時の孔の面積の占める割合（開口部／開口部＋孔辺細胞）は進化にともない増大した．例えば，フペルジアの孔辺細胞は縦も横も大きく孔が小さい．セイヨウタマシダでは孔辺細胞の横幅が小さくなり，フペルジアに比べて孔の占める割合が大きくなった．こうして，開口時の孔の気孔装置に占める割合はフペルジアが最も小さく，セイヨウタマシダ，オオムラサキツユクサ，パンコムギの順に大きくなった[3-19]（図3.21）．

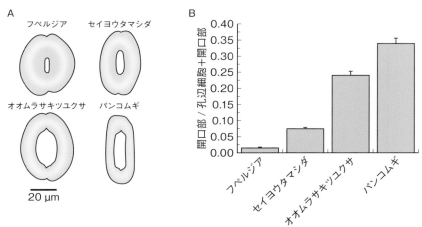

図 3.21　気孔開口部の気孔装置に占める割合
　A：気孔開口時を正面から見た．B：左図Aに示す孔辺細胞と開口部を合わせた面積に対する開口部面積の割合．（Franks & Farquhar, 2007 より改変）

3.8.2　孔辺細胞と表皮細胞の形状に基づく気孔開口

　4種の植物の気孔閉鎖と気孔開口時の断面を示した[3-19]（図3.22，図3.23）．Gが孔辺細胞（guard cell），Eが隣接表皮細胞（epidermal cell），Sが副細

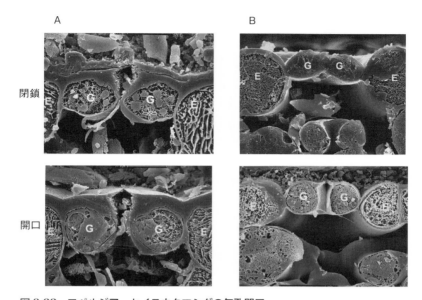

図 3.22　フペルジア，セイヨウタマシダの気孔開口
　A：フペルジア．B：セイヨウタマシダ．植物に太陽光を当て気孔を開口させた．
気孔閉鎖時と開口時にそれぞれ瞬間凍結し，割断面を走査型電子顕微鏡を用いて観
察した．G は孔辺細胞，E は表皮細胞を表す．（Franks & Farquhar, 2007 より）

胞（subsidiary cell）である．孔辺細胞の表皮細胞との接触面の大きさと細
胞壁の厚さから，両細胞の相互作用の大きさがわかる．

　フペルジアでは，孔辺細胞の体積増大によって，厚い外側壁は変化せず薄
い内側壁が気孔腔の方に膨張，湾曲し，緩んでいた腹側壁が引っ張られて気
孔が開いた（図 3.22A）．気孔腔も窮屈であり，この開口機構は外側壁の変
形が見られず "原型" と言われるものより，さらに，原始的な特質を示した．

　セイヨウタマシダでは外側壁と内側壁が薄く，体積増大によりこの両細胞
壁が上下に膨張，湾曲し，横長の細胞がやや縦長の円形に変形し，気孔が開
いた（図 3.22B）．この形態変化はホウライシダと同じで典型的な "原型" に
近い．孔辺細胞の背側壁と表皮細胞の接触面は小さい．

　これらと大きく異なるのが，オオムラサキツユクサ（図 3.23A）とパンコ
ムギ（図 3.23B）である．オオムラサキツユクサの孔辺細胞は，外側壁と内

67

側壁の厚さに比べて腹側壁と特に背側壁が薄く，背側壁と副細胞の接触面が大きい．気孔開口時には，孔辺細胞が大きく膨張し，その背側壁が副細胞を押しつぶすほど割り込んで気孔開口が起きた（図3.23A）．

　パンコムギの亜鈴型孔辺細胞は，両端球状部をつなぐ中央部の細胞壁が厚い．この硬い中央部が縦長から円形に膨張し，両脇に移動して楕円形の副細胞が腎臓型になるほど押しつぶし，気孔が開いた（図3.23B）．中央部が副細胞を押しつぶしたのは，球状部の体積増大によって孔辺細胞同士が反発した結果である．球状部はこの図では見えない．

　オオムラサキツユクサとパンコムギでは孔辺細胞と副細胞の相互影響が大きく，孔辺細胞の膨張と副細胞の収縮が同時に起き，気孔開口が迅速に進んだ（図3.23）．一方，フペルジアとセイヨウタマシダでは孔辺細胞と表皮細胞の接触面が小さく，気孔が開口しても両細胞間の細胞壁はほとんど変化しなかった（図3.22）．

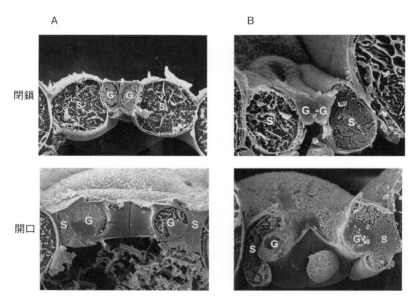

図3.23　オオムラサキツユクサ，パンコムギの気孔開口
　A：オオムラサキツユクサ．B：パンコムギ．実験条件は図3.22と同様である．Gは孔辺細胞，Sは副細胞を表す．（Franks & Farquhar, 2007より）

3.8.3　表皮細胞膨圧の気孔開口への影響

　植物の進化にともない，表皮細胞の膨圧が孔辺細胞に影響を与え，気孔開口をも左右するようになってきた．表皮細胞の膨圧が高いと孔辺細胞の膨張，表皮細胞への割り込みが抑制され，気孔が開口ししくくなる．このことを，表皮細胞膨圧の気孔開口への影響から確認できる．

　セイヨウタマシダとオオムラサキツユクサを例に挙げる．表皮細胞（オオムラサキツユクサでは副細胞）の膨圧（Pe）を“0”と“最大”の2つのケースを想定し，孔辺細胞の膨圧（Pg）を変化させ，気孔開度が求められた[3-19]（図3.24）．

　Pe が0のとき，セイヨウタマシダとオオムラサキツユクサの両方とも Pg の上昇に従い，開口の初期には気孔はほぼ直線的に開口し，開口がすすむと，Pg が上昇してもどちらも少ししか開口しなくなった（図3.24A）．一方，Pe が最大のとき，セイヨウタマシダでは Pe が0の場合とほとんど同じように開口し，オオムラサキツユクサでは Pg の小さい範囲では全く開口せず，Pg が増大するとわずかに開いた（図3.24B）．

　気孔開口は，セイヨウタマシダでは表皮細胞の膨圧に影響されず，オオムラサキツユクサでは大きく影響された．フペルジアはセイヨウタマシダと同様の，パンコムギはオオムラサキツユクサと同様の挙動を示した．

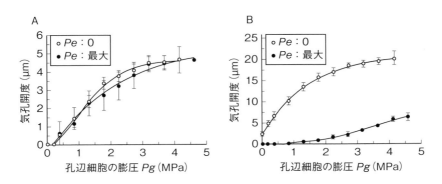

図3.24　隣接表皮細胞の膨圧が気孔開口に及ぼす影響の植物種による違い
　A:セイヨウタマシダ．B:オオムラサキツユクサ．(Franks & Farquhar, 2007より改変)

3.8.4　気孔開口の "誤った応答"

表皮細胞の孔辺細胞への影響を反映する応答がある．それは，気孔の "誤った応答 "（wrong-way response）として被子植物に見られる（図 3.25）．気孔は乾燥時には閉じなくてはならない．しかし，外気の乾燥や土壌水分の不足に遭遇すると気孔は一過的に開く．これは，外気の乾燥や水分不足に応じて表皮細胞の膨圧が孔辺細胞より先に低下し，相対的に孔辺細胞の膨圧が高くなるためである[3-12, 3-20]．時間が経てば，ABA が働き孔辺細胞の膨圧が低下し，気孔は閉じる．この応答は，孔辺細胞と表皮細胞の相互作用が大きく，ABA が迅速に合成される被子植物に見られ，小葉植物，シダ植物などには観察されない[3-12]．

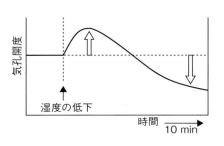

図 3.25　被子植物の気孔開口の誤った応答
この応答はカリフォルニアの広葉樹で観察された．（Buckley, 2016 より改変）

3.8.5　副細胞は気孔コンダクタンスを迅速に増大させる

気孔開口の速さと大きさを，気孔 1 個当たりのコンダクタンスの増加から求めた．気孔コンダクタンスの時間当たりの増加は，フペルジアでは極めて小さく，セイヨウタマシダはその 5 倍，オオムラサキツユクサはさらにその 5 倍，パンコムギはオオムラサキツユクサの 4 倍に達した（図 3.26）．パンコムギの気孔は，単位時間当たりフペルジアの約 100 倍の気孔コンダクタンスの増加が起きることになる．孔辺細胞の膨圧増大と表皮細胞の膨圧低下が同時に起これば，気孔開口は迅速にすすむ．このことが明確になるのは表皮細胞が副細胞に進化してからで，オオムラサキツユクサとパンコムギの気孔がそれに相当する．副細胞の形成と孔辺細胞の腎臓型から亜鈴型への進化が，いかに大きな出来事であったか良くわかる．

パンコムギの気孔開口を模式化した（図3.27）．気孔中央部の断面を見ると，孔辺細胞の中央部は腹側壁と背側壁ともに厚く，隣接する副細胞の細胞壁は薄い．気孔閉鎖時，副細胞には K^+ が蓄積しており体積も大きい．開口時には，

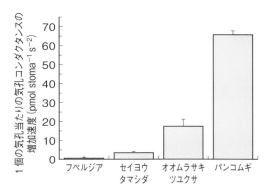

図3.26 系統の異なる植物の気孔コンダクタンスの増加速度
光照射により気孔の開く速さを，気孔1個当たりの気孔コ
ンダクタンスの増加から示した．植物により気孔の大きさが
異なることが加味されている．(Franks & Farquhar, 2007 よ
り改変)

副細胞から孔辺細胞に K^+ が輸送，蓄積
され，中央部が丸く膨らみ副細胞に大き
く割り込んで，中央部は乖離し，気孔が
開く．この開口は，図には現れないが，
両端の球状部が大きく膨張し，孔辺細胞
が互いに反発するからである．こうして，
副細胞から孔辺細胞への K^+ の移動が起
こり，孔辺細胞の膨張と副細胞の収縮が
同時に起こる．これが，イネ型気孔が迅
速に開口する理由である．

　具体的には示さないが，副細胞の存在
により気孔の閉鎖速度も大きくなること
が容易に予測できる．閉鎖時には孔辺細
胞の収縮と副細胞の膨張が同時に起きる
からである（7.2節参照）．

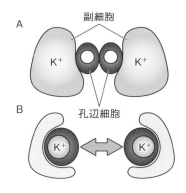

**図3.27 亜鈴型孔辺細胞をもつパン
コムギ気孔の開口**
A：気孔閉鎖時．B：気孔開口時．
孔辺細胞の膨張と副細胞の収縮が
同時に起こり，開口が速くなる．
(Franks & Farquhar, 2007 より改変)

3.8.6　気孔の構造的進化

　ここで，維管束植物の気孔の構造変化と機能の進化をまとめておこう（表3.1）．気孔の進化には，孔辺細胞の細胞壁の厚さ，孔辺細胞の形態と変形の仕方，副細胞の有無，気孔腔の形状，などが，関与している[3-6]．形態については，初期の陸上植物から現生の多くの植物にいたるまで腎臓型の孔辺細胞で，イネ科やカヤツリグサ科などの孔辺細胞は亜鈴型である（表3.1）．

表3.1　維管束植物の気孔の構造の進化

植物種	植物例	細胞壁/副細胞	気孔開口時の変化
小葉植物	フペルジア	外側壁が厚く内側壁が薄い．気孔腔が狭い．	内側壁が湾曲．縦（下方）に膨張．
薄嚢シダ類	セイヨウタマシダ	外側壁と内側壁が薄い．気孔腔が広くなる．	外側壁と内側壁が湾曲．縦（上下）に膨張．
裸子植物	イチョウ	腹側壁と内側壁が薄い．気孔腔は狭い．	腹側壁と内側壁が湾曲．縦に膨張．
双子葉植物	クリスマスローズ	背側壁と腹側壁が薄い．気孔腔は広い．	背側壁側に湾曲．縦，横に膨張．
単子葉植物	オオムラサキツユクサ	背側壁と腹側壁が薄い．副細胞の形成．	背側壁側に湾曲．縦，横に膨張．副細胞が収縮．
イネ科植物	パンコムギ	両端部は薄く中央部は厚い．副細胞と亜鈴型孔辺細胞．	孔辺細胞の両端部が膨張．副細胞が収縮．

　最も初期の維管束植物，小葉植物のフペルジアでは外側壁は厚く，内側壁が比較的薄い．内側壁が湾曲し，孔辺細胞の断面はやや縦長になり，腹側壁が緊張し，小さな気孔が開く（図3.22A）．小葉植物の気孔は"原型"にいたる前の段階に相当するように思われる．気孔腔も窮屈で内側への湾曲が制限され，同じ小葉植物のイワヒバに類似した（図3.4A）．

　薄嚢シダ類のセイヨウタマシダやホウライシダの気孔は"原型"の典型例で，外側壁，内側壁ともに薄い．この両側壁が湾曲し，孔辺細胞の断面は横長から縦長になり，気孔が開く．ツノゴケ類や蘚類の気孔にも同様の形態が見られる．それに対して，小葉類のフペルジアでは厚い外側壁は変形せず薄い内側壁のみが湾曲し，コケ類よりも窮屈な変形であるように思える．おそらく，コケ類の生育する湿潤な環境から乾燥地域に生育範囲を拡げた小葉類

は，水消失を抑えるため，体表面のクチクラを厚くする必要があったと思われる．そののち，孔辺細胞の気孔腔は広くなり，内側壁の湾曲が容易になった（図 3.6，図 3.7，図 3.22B）．

　裸子植物の気孔は外側壁が厚く動きにくい構造で，腹側壁と内側壁が一体化し，外側壁に比べて薄くなっており，この腹側壁と内側壁がのびて，あるいは，内側壁が湾曲し，孔辺細胞が横長から縦長になり気孔が開く（図 3.8）．孔辺細胞の外側にある副細胞は裸子植物に特徴的である．気孔腔は狭いものと広いものがある（図 3.8）．気孔の構造の進化という観点からは位置づけが難しい．

　被子植物のヘレボラス型は，双子葉植物と単子葉植物に広く見られ，孔辺細胞は縦，横に膨張して，腹側壁の緊張と背側壁の表皮細胞への割り込みが同時に起こり，気孔が開口する（図 3.9A）．気孔腔は広く，孔辺細胞は縦方向への変形が容易である．

　アマリリス型も多くの植物に見られる（図 3.9B）．オオムラサキツユクサはこの型に近く，腹側壁と背側壁が薄く，外側壁の突起部が厚く，縦，横に膨張した孔辺細胞が収縮した副細胞に割り込み，効果的に気孔が開口する（図 3.23A）．気孔腔は広くないが，孔辺細胞は横方向へ割り込むので問題にならない．オオムラサキツユクサの気孔は，孔辺細胞が腎臓型から亜鈴型に進化する中間段階に相当するだろう．

　イネ型はパンコムギなどのように亜鈴型孔辺細胞をもつ気孔である（図 3.23B）．孔辺細胞の長軸と直角方向に膨張し，孔辺細胞同士が両端球状部で反発して気孔が開く．同時に，副細胞が収縮し，膨張した孔辺細胞が割り込み，速く開口する（7.2 節参照）．亜鈴型孔辺細胞の膨張と副細胞の収縮が協調し，気孔開閉機能は格段の進化を遂げた．この型の気孔は最も進化したものである．

3.9　気孔腔と細胞間隙の進化

　気孔が機能を十分に発揮するには，迅速な開閉に加えて葉内部の構造が重要である．気孔から葉組織への入り口にある気孔腔は，細胞間隙を通して

CO_2 の葉緑体への到達と H_2O の大気への放出を円滑にする（図1.10, 図1.11）．しかし，気孔腔と細胞間隙の起源や進化についてはほとんど知られておらず，構造や機能の研究も少ない．

　維管束植物の気孔腔と細胞間隙は発生初期から空気の層に満たされ，幼植物の時期から葉内と外気は連絡している．それに対して，ツノゴケ類や蘚類の胞子体では，気孔開口にともない粘液が空気の層に徐々に置き換わり，細胞間隙と外気が連絡するようになる[3-17]．維管束植物では幼植物の時期から CO_2 の取り入れ通路として働き，コケ植物の胞子体では水分の蒸発する経路として働いている．しかし，配偶体では細胞間隙は粘液に満たされたままである．気孔のない苔類では配偶体のみならず胞子体の細胞間隙も粘液で満たされている．

　ただし，苔類配偶体（葉状体）の細胞間隙が液体で満たされているという見解には異論がある．ゼニゴケ葉状体の気室は気室孔を通して外気と連絡しており，気室を通って CO_2 が同化糸の葉緑体に達し，活発に光合成を行うとされる[3-10, 3-11]（図3.3）．この考えに従えば，ゼニゴケの気室は維管束植物の気孔腔や細胞間隙と機能的に軌を一にしているように思われる．一方，ウスバゼニゴケ科は気室をもたず，葉状体内部に藍藻類を共生させている．この種類では細胞間隙は粘液で満たされており，葉状体の形を保つこと，乾燥から身を守ること，菌類や藍藻を共生させること，などに寄与している．

　気孔腔には構造の変遷が見られる．孔辺細胞の内側壁直下の気孔腔空間が広いものほど湾曲が自由で，気孔開口が容易である．古生マツバランやイワヒバ，フペルジアなど初期陸上植物と比べて，多くの被子植物では気孔腔が広くなっている（図3.4, 図3.5, 図3.9）．特に，腎臓型の孔辺細胞が縦方向に膨張し，内側壁側に湾曲する種類に当てはまる．しかし，オオムラサキツユクサやパンコムギのように孔辺細胞が横方向に副細胞に割り込み，副細胞はそれを助けるように収縮するようになると，気孔腔の広さは気孔開閉とは関係がなくなる．気孔腔は当初，孔辺細胞の縦方向の湾曲を容易にするよう進化し，副細胞が発達すると横方向への膨張が中心になり，気孔腔の役割が変化したように思われる（図3.22, 図3.23）．

3.10 小さい気孔は効率が良い

化石植物の多くが大きな気孔（装置）をもち，孔辺細胞の長さが 120 μm に達するものもある．しかし，気孔の "孔" は小さい．ライニーチャートに見られるシルル紀の化石植物の気孔は，現生植物と絶滅植物を通して最も大きいものである [3-15]（図 3.28）．一方，高いガス交換能（気孔コンダクタンス）は，小さい気孔が高密度に存在する葉に見られる [3-21]．気孔は小型化し，面積当たりの数を増加する方向に進化してきたように思われる．小さい孔辺細胞は表面積 / 体積の比が大きく，膜面積当たりの同量のイオン輸送が大きな浸透圧変化をもたらす．

具体例を挙げよう．ヤマモガシ科のバンクシア（*Banksia*）に属する 5 種類の低木は，西オーストラリアの森林に自生し，種によって低湿地から高さ数十 m の丘陵の頂きにまで分布し，葉の形や気孔サイズにバラつきがある．しかし，遺伝的には近縁で気孔の形が似ている．これらの植物を種子から生育させ，気孔のサイズ（孔辺細胞の長さと孔辺細胞の幅の積）と気孔コンダクタンス，光合成炭素固定が比較された [3-22]．

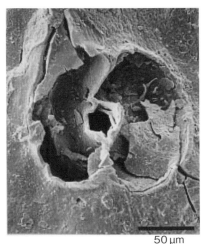

50 μm

図 3.28 シルル紀の気孔の化石
大きな孔辺細胞に比べて，"孔" は小さい．（Edwards *et al.*, 1998 より）

5 種類のバンクシアにおいて気孔サイズが小さいほど開口が速く（図 3.29A），密度が高いほど開口が速くなった（図 3.29B）．気孔が小さく密度の高い *B. littoralis*（サイズ：350 μm^2）は，気孔が大きく密度の低い *B. menziesii*（サイズ：570 μm^2）に比べて，気孔開口速度（気孔コンダクタンスの増加）と光合成炭素固定速度は約 2 倍であった．*B. littoralis* は麓に，*B. menziesii* は中腹から頂上まで成育している．

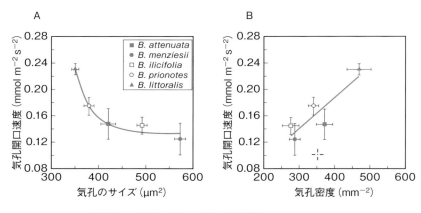

図 3.29　気孔サイズ，密度，開口速度
A：気孔のサイズと開口速度の関係．B：気孔密度と
開口速度の関係．（Drake *et al.*, 2013 より改変）

　気孔のサイズが小さく気孔密度の高い植物の光合成能が高くなることは，多くの植物種に当てはまる．このことは，光合成能の高い植物の選抜指針になるだろう．このことに一致して，シロイヌナズナにおいて，気孔密度の増加によって30％の光合成速度の上昇が示されている[3-23]．

　一方，気孔の大きい植物が環境に適応している例がある．冷涼で湿った環境の林床に生育するシダ植物は，低密度の，しかし，大きな気孔をもっている．これらの植物は気孔を開口したままにしており，時折訪れる木漏れ日で進む光合成に直ちに CO_2 を供給できる．光合成は迅速に進むので，ゆっくり開口する気孔では CO_2 の供給が間に合わない．こうして，湿潤で薄暗い環境に育つ植物では，大きな気孔が重要な役割を担っている．これらの植物は乾燥地では生育が困難になる[3-21]．

4章 気孔の開口

気孔開口の仕組みと開口へのK^+の関与，K^+の通り道になる細胞膜にあるK^+チャネルの特性について述べる．気孔は光により開口し，開口には青色光に特異的なものと光合成によるものがある．気孔の青色光応答は，青色光受容体，開口を駆動するイオン輸送体，光受容体とイオン輸送体をつなぐ情報伝達体などの関与する植物光情報伝達の典型例であり，その概要を述べる．気孔の青色光応答の植物種における分布，解明が進みつつある光合成による気孔開口についても述べる．

4.1 気孔の開口機構

光による気孔開口を最初に報告したのは Francis Darwin（Charles Darwin の子息）である[4-1]．彼は窓に近い葉の気孔は開口しており，窓から離れた気孔が閉鎖していることに気がついた．当時は，室内に明かりがなく，窓からの光が植物に大きな作用を及ぼしただろう．

気孔開口は毎日繰り返す一種の運動反応である．150年以上前の von Mohl に始まる多くの研究から，この反応は，筋肉の収縮のような運動ではなく膨圧に駆動される応答であることがわかっている[4-2]．孔辺細胞の水ポテンシャル（コラム2.2, 2.3）の低下，水の流入，膨圧増大，体積増大が起こり気孔が開く．ツユクサでは気孔開度が 5 ～ 10 μm の孔辺細胞の体積は 5000 ～ 6000 μm³ で，15 ～ 20 μm では 7000 ～ 8000 μm³ になった．気孔を 1 μm 開口させるのに要する膨圧は，気孔開口にともない大きくなる．5 ～ 10 μm までは 0.18 MPa μm⁻¹（0.18 MPa ＝ 0.18 × 9.9 気圧 ＝ 1.78 気圧），10 ～ 15 μm では 0.26 MPa μm⁻¹（2.57 気圧），15 ～ 20 μm では 0.30 MPa μm⁻¹（2.97 気圧）であった[4-3]（表4.1）．一方，孔辺細胞から水が流出すると，膨圧低下，体積減少，気孔閉鎖が起こる．こうして，孔辺細胞の体積は増減を繰り返し，

表 4.1　異なる気孔開度において開口に要する孔辺細胞の膨圧の大きさ

パラメーター	気孔開度 (μm)		
	5-10	10-15	15-20
孔辺細胞の体積 (μm³)	5000-6000	6000-7000	7000-8000
1μm 開口するのに要する膨圧 (MPa μm⁻¹)	0.18	0.26	0.30

気孔が開口するのに必要な膨圧は気孔開度により異なる．開度が大きくなると開口するのに必要な膨圧が増大する．ツユクサの表皮を用いた．（Willmer & Fricker, 1996 より改変）

気孔が開閉する．

　気孔開口は，イオン輸送に加えて，孔辺細胞の細胞壁の厚さ，細胞壁のセルロース微繊維と微小管の配向などに制御される．繰り返しになるが（3.8.6 項参照），腎臓型および亜鈴型孔辺細胞を有する気孔の開口を述べよう．

　図 4.1A は腎臓型孔辺細胞の気孔を正面から見たものである．この型の典型は，腹側壁は全体的に厚く伸展性が低く，それに比べて背側壁は薄く伸展性が高い，ことである．孔辺細胞の長軸と直角方向にセルロース微繊維がタガのように巻き付いており，両端は固定されている．孔辺細胞の体積が増大するとセルロース微繊維と直角方向に膨らみ，薄い背側壁は湾曲し，表皮細

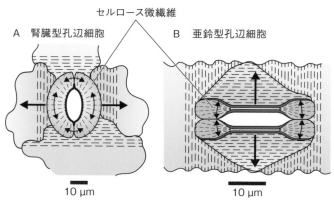

図 4.1　腎臓型と亜鈴型孔辺細胞の気孔開口とセルロース微繊維
　孔辺細胞上の破線はセルロース微繊維を示し，矢印は孔辺細胞の運動の方向を示している．A はソラマメ，B はトウモロコシの気孔である．（Weyers & Meidner, 1990 より改変）

胞に割り込み，腹側壁は引っ張られて気孔が開く．

　一方，イネ科などの亜鈴型孔辺細胞を有する気孔では，細胞壁の厚さの様相が腎臓型と異なる（図 4.1B）．孔辺細胞両端の球状部の細胞壁は薄く，細長い中央部は腹側，背側ともに厚い．破線のようにセルロース微繊維が孔辺細胞の長軸方向に配向しており，体積が増大すると両端部分がセルロース微繊維と直角方向に膨らみ，孔辺細胞が互いに反発し合ってスリット状に気孔が開く[4-4]．亜鈴型の孔辺細胞は腎臓型の進化型である．

　腎臓型孔辺細胞の横断面は，気孔閉鎖時は三角形に近く，開口時には円形になる．開口時には膨圧が上昇し，体積が 2 倍以上増大する[4-3]．また，体積増大にともない細胞膜の表面積はほぼ直線的に増大し，体積減少時には減少した．この細胞膜面積の増減は，閉鎖時には膜がくびれて陥入し折り畳まれており，開口時には折り畳まれ陥入していた膜が伸展したからであった[4-5]．こうして，孔辺細胞は気孔開閉にともない，細胞膜を健全に保っている．

4.2　気孔開口の浸透圧調節物質は K$^+$

　気孔開閉に寄与する浸透（圧）調節物質は研究の初期から興味を惹き，多くの仮説が提案された．ショ糖，グリコール酸，両性コロイド，孔辺細胞葉緑体の光合成産物などである．なかでも注目されたのはショ糖で，デンプン - ショ糖仮説が提案された．孔辺細胞内における開口時のデンプン減少と閉鎖時の増加がしばしば見られることから，デンプン分解により生じたショ糖が浸透調節物質とするもので，その明快さから広く受け入れられた[4-6]．しかし，いずれも不十分なものであった．

　1943 年，京都大学の今村駿一郎は，デンプンの増減と気孔開閉が必ずしも一致せず，むしろ，気孔開口と K$^+$ 含量が相関することから，K$^+$ を浸透調節物質と考えた[4-7]．この論文はドイツ語で書かれた長大なもので，長い間，世界の研究者に認知されなかった．しかし，九州大学の山下知治[4-8]と長崎大学の藤野正義[4-9]らの英文の大学紀要に引用されるに及んで，米国の R.A. Fischer により再発見された[4-10]．そののち，気孔開口と孔辺細胞における

表 4.2　気孔開閉と孔辺細胞の K$^+$ の濃度

植物種	孔辺細胞内の K$^+$ 濃度 (mM)		気孔 1 µm の開口に要する孔辺細胞内の K$^+$ の濃度変化 (pmol µm^{-1})
	閉鎖気孔	開口気孔	
ソラマメ	52	454	0.202
	174	460	0.217
ツユクサ	95	448	−
	85	286-592	−
タバコ	210	500	−
ムラサキツユクサ	152	633	−
トウモロコシ	193	359	0.04
	60	317	−

（Willmer & Fricker, 1996 より抜粋）

K$^+$ 蓄積の密接な関連が，電子線マイクロアナライザーやイオン選択性微小電極などを用いて 50 以上の植物種で確認され，K$^+$ が気孔開閉の浸透調節物質として確立された [4-3]（表 4.2）.

　1970 年代から気孔研究をリードしたドイツ人研究者 K. Raschke の活躍は，このドイツ語の論文と無関係ではないだろう（コラム図 6 参照）. 彼の研究室には今村駿一郎の写真が掲げてある. 今村のドイツ語の論文は本人の手によって日本語に要約され，それを通して内容の一部を知ることができる [4-11].

　気孔開閉を制御する浸透調節物質として K$^+$ が働く具体例を挙げよう. ツユクサとマカラスムギの気孔開閉時の K$^+$ が染色された（図 4.2）. ツユクサでは，気孔開口時に K$^+$ が孔辺細胞に大きく集積した. マカラスムギでは，閉鎖時には副細胞に K$^+$ が蓄積しており，開口時に孔辺細胞の両端球状部に集積した.

　一方，K$^+$ の蓄積により孔辺細胞内には正電荷が増大し，K$^+$ 取り込みがストップしてしまう. これを防ぐため，孔辺細胞にはリンゴ酸などの陰イオンが生合成されるか，塩化物イオン Cl$^-$ が外から取り込まれ，K$^+$ の正電荷と電気的に中和する. こうして，いったん細胞質に蓄積したイオンの大部分は細胞質から液胞に輸送，蓄積される. 気孔閉鎖時には，これらのイオン種は液胞から細胞質に，さらに細胞質から細胞膜を通って流出する.

閉 開

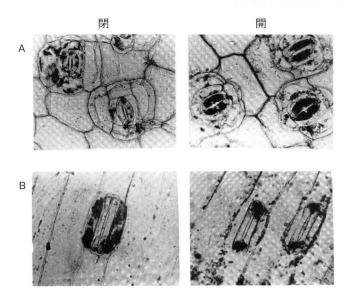

図 4.2　開口した気孔と閉鎖した気孔の K$^+$ 染色
　A：ツユクサ下面表皮の，閉鎖気孔と開口気孔の K$^+$ を亜硝酸コバ
ルチナトリウムを用いて染色した．閉じた気孔では K$^+$ が孔辺細胞
と副細胞に見られ，開口すると大量の K$^+$ が孔辺細胞に蓄積した．
　B：マカラスムギ下面表皮の，閉鎖気孔と開口気孔の K$^+$ を染色した．
閉じた気孔では K$^+$ が副細胞に蓄積しており，開口すると孔辺細胞
の両端球状部に蓄積した．（Willmer & Fricker, 1996 より）

　気孔開閉時における孔辺細胞の K$^+$ の濃度を示そう（表 4.2）．ソラマメで
は閉鎖時の 50 ～ 200 mM から開口時の 450 ～ 460 mM に，トウモロコシで
は 60 ～ 190 mM から 320 ～ 360 mM に上昇した．他の双子葉植物，単子葉
植物の例も示した．孔辺細胞周囲の細胞壁（アポプラスト）（コラム 4.1）の
K$^+$ 濃度は，植物の種類によって異なるが通常 10 mM 以下で，気孔開口に
は大きな濃度勾配に逆らった K$^+$ の取り込みが必要になる．どのような機構
で K$^+$ が取り込まれるのか．この疑問が 1980 年代の気孔研究の中心課題で
あった．
　ここで注意しておきたいのは，気孔が 1 μm 開口するのに要する孔辺細胞
内の K$^+$ の濃度変化である（表 4.2）．ソラマメとトウモロコシでは大きく異

コラム 4.1
アポプラストとシンプラスト

　植物体は 2 つの空間に分けることができる．それぞれシンプラスト，アポプラストと呼ばれる．植物細胞の細胞質は細胞壁を貫通する原形質連絡を通して隣の細胞とつながっており，高分子量の物質の輸送が起きる．この細胞の内側全体をシンプラストという．したがって，離れた細胞間でも糖やタンパク質の移動が起きる．一方，アポプラストは細胞膜の外側の細胞壁全体や細胞質を失った導管内部のことで，多くの水溶性分子が輸送される．この 2 つの空間のあいだで輸送が起きるには，物質が細胞膜を横切る必要がある．気孔開口時には，K^+ は表皮細胞（副細胞）の細胞質から細胞膜を横切って細胞壁のアポプラストに輸送され，アポプラストから再び細胞膜を横切って孔辺細胞に取り込まれる．孔辺細胞には原形質連絡がなくシンプラストから独立しており，原形質連絡を介した物質輸送は起きず，蓄積したイオンや物質が漏れ出ることはない．

なり，トウモロコシではソラマメの 5 分の 1 の濃度変化で，ほぼ同様の開口を引き起こすことができる．この違いは，トウモロコシが亜鈴型孔辺細胞と機能的な副細胞をもつことに起因する（7.2 節参照）．

4.3　気孔開口の分子機構

4.3.1　青色光は K^+ の取り込みを誘発し気孔を開口させる

　気孔は陽の当たる日中に開口する．太陽光には紫外，青，緑，橙，赤，遠赤色光が含まれ，気孔開口には青色光が最も有効で赤色光の 10 ～ 20 倍の効果がある．青色光による開口は気孔の青色光効果といわれ，青色光の受容，光情報の化学情報への変換，情報の伝達，開口を駆動するイオン輸送が含まれる．この光の役割は，光合成による気孔開口における光の役割とは区別さ

れる [4-12, 4-13]（4.3.10 項参照）.

　青色光が孔辺細胞に K$^+$ を取り込ませる例を示そう．ソラマメ表皮に異なる波長の弱光を照射すると，400 〜 480 nm の青色光が K$^+$ 取り込みと気孔開口に最も有効であった（図 4.3）．生葉においても青色光が開口に最も有効であった [4-14]（図 4.4）．K$^+$ は濃度勾配に逆らって取り込まれ，青色光が取り込みの駆動力を形成させている．

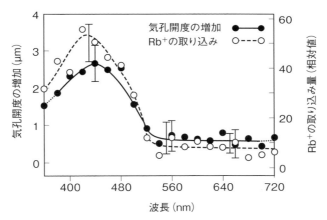

図 4.3　ソラマメ表皮の気孔開口と ^{86}Rb$^+$ 取り込みの波長依存性
ソラマメの剥離表皮を用いた．K$^+$ の代わりに挙動が同一の放射性 ^{86}Rb$^+$ を用いた．^{86}Rb$^+$ の取り込みと気孔開口が良く一致した．（Hsiao *et al.*, 1973 より改変）

図 4.4　オナモミ葉の下面表皮の気孔開口の作用スペクトル
生葉の裏側に異なる 16 種類の波長の光を照射し，気孔コンダクタンスを測定した．光強度が増すと，それに応じて気孔が直線的に開口する弱光を用いた．縦軸には一定の大きさの気孔コンダクタンスを誘発するのに必要な量子の逆数をとった．（Sharkey & Raschke, 1981 より改変）

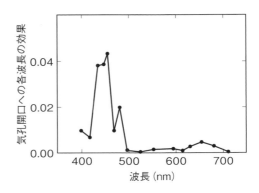

　ここで，青色光による気孔開口が孔辺細胞プロトプラスト（コラム 4.2）で再現されることを述べておこう．E. Zeiger と P.K. Hepler はタマネギ表皮から孔辺細胞プロトプラストを単離し[4-15]，このプロトプラストが青色光に応答して 35 ～ 60％の体積増大を示し，その膨張が K^+ に依存することを突き止めた[4-16]．この結果は，孔辺細胞プロトプラストの膨張が気孔開口に相当し，プロトプラストが光受容体やイオン輸送体など，気孔開口に必要な

コラム 4.2
孔辺細胞プロトプラスト

　気孔の研究は古い歴史をもつものの，表皮を用いて開閉を調べる現象解析が中心で，細胞や分子レベルの解明は進展しなかった．その大きな理由は，気孔は表皮に散在しており，気孔の中心的働きを担う孔辺細胞は量が少なく，イオン輸送や物質代謝の研究には困難がともなったからである．この状況に風穴を開けたのが孔辺細胞プロトプラストの単離である．このプロトプラストにパッチクランプ法を適用すれば 1 個のプロトプラストでもイオン輸送活性が測定可能になる．大量に調製できれば生化学的研究も可能になる．当初，ソラマメの孔辺細胞プロトプラスト（コラム図4）が用いられたが，シロイヌナズナでも得られるようになって，このモデル植物の遺伝情報を駆使して研究が格段に進展した．

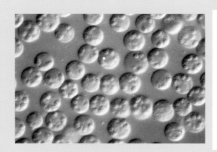

コラム図4　ソラマメの孔辺細胞プロトプラストの大量調製
ソラマメ剥離表皮からセルラーゼを用いて単離された．これを材料に孔辺細胞でも生化学的解析が可能になった．球形のプロトプラストの直径は 20 µm 前後である．（Shimazaki *et al.*, 1982 より）

　孔辺細胞プロトプラストを最初に単離したのは米国の E. Zeiger（コラム図5）と P.K. Hepler（1976）である．気孔への分化機構の解明と植物体の再生を狙って，タマネギとタバコ表皮からセルラーゼを用いて孔辺細胞プロトプラストを調製した．液中のプロトプラストを蛍光灯下に放置したまま食事から戻ってくると，プロトプラストが膨らんでおり，この膨張が青色光に特異的であることに気がついた．この応答を気孔開口の反映と考え，その結果を気孔の青色光応答の再現として報告した．

コラム図5　Eduardo Zeiger（左）と Hans Meidner（右）
Meidner は本書で引用した "Physiology of Stomata"（1968）と "Methods in Stomatal Research"（1990）の著者である．（スタンフォード大学にて，1985年夏）

すべての仕組みを備えていることを示している．この発見は，孔辺細胞プロトプラストが気孔開閉の研究に幅広く用いられるきっかけになった．

4.3.2　K$^+$の通路は K$^+$チャネル

　このような背景で，1984年に K$^+$を通過させるイオンチャネル（コラム4.3）が孔辺細胞に発見された[4-17]．このチャネルは細胞膜にある膜貫通性のタンパク質で，K$^+$を Na$^+$の 11 倍通しやすく K$^+$の通路になると考えられた．植物細胞では初めて示されたイオンチャネルである．以下に詳しく見ていこう．

　この発見は，当時，最新の電気生理学的手法であるパッチクランプ法

コラム 4.3
ポンプとチャネル

　ポンプはイオンや物質を，膜を横切って能動輸送する膜貫通タンパク質の総称で，ATP や無機ピロリン酸などの化学エネルギーや光エネルギーを利用する．チャネルはイオンや物質を透過させる孔を構成する膜貫通タンパク質の総称で，濃度勾配や膜電位によって，受動的輸送を担う．

　ポンプには，細胞膜プロトンポンプ，液胞膜プロトンポンプ，細胞膜 Ca^{2+}-ポンプなどがある．例えば，細胞膜のプロトンポンプ（H^+-ATPase）は ATP のエネルギーを用いて H^+ を細胞外に輸送することにより膜電位を過分極させ，同時に H^+ 勾配を形成する．ポンプは特定の物質と結合して構造変化によって膜の反対側に物質を運ぶので，イオンや物質の選択性が高く，チャネルに比べて輸送速度はずっと遅い．

　チャネルには，K^+，Ca^{2+} などの陽イオンや，Cl^-，リンゴ酸などの陰イオンの通路になるイオンチャネルと，H_2O や CO_2 を通す水チャネルなどがあり，イオンや物質の流出入，膜電位の維持などを行う．植物細胞では，孔辺細胞に見られるように，長時間にわたる物質やイオンの輸送に関わる特徴がある．

　通過するイオンや物質の種類は，膜貫通部位にあるイオン選択フィルターにより決まる．物質の選択性は低く，輸送速度はポンプより圧倒的に大きく，パッチクランプ法により 1 個のチャネル活性が測定できる．チャネルは開口時にのみ物質を通過させ，開閉は膜電位，膜の伸展，Ca^{2+} や ATP などのリガンドに制御される．

　イオンの輸送方向は，膜内外の濃度と膜電位により決まる．つまり，濃度の高い方から低い方へ，また，陽イオンの場合，負の電位の方へ動き，濃度と電位のバランスで方向が決まる．例えば，K^+ の細胞内濃度が高い孔辺細胞では K^+ は流出しようとする．しかし，プロトンポンプの働きで膜電位が負に保たれると，K^+ を維持し，取り込みも可能になる．濃度と膜電位のバランスで K^+ の移動方向が決まる．

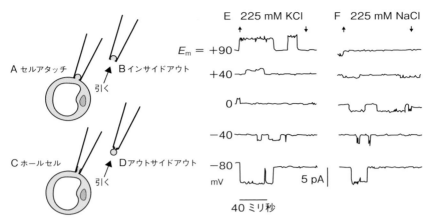

図 4.5　孔辺細胞の K⁺チャネルとパッチクランプ法に用いられる 4 つの測定法

図 4.5　孔辺細胞の K^+チャネルとパッチクランプ法に用いられる 4 つの測定法
パッチクランプ法がソラマメ孔辺細胞プロトプラストに応用された.
A：吸引によりガラス電極と細胞膜が高抵抗のシールを形成したセルアタッチの状態.
B：セルアタッチからガラス電極を速く引くことにより，シールした膜断片を引きはがし，膜の細胞質側が外液に接したインサイドアウトの状態.
C：セルアタッチから短時間の強い吸引により，ガラス電極内に引き込まれた膜を破壊し，ガラス電極内部と細胞質が連絡したホールセルの状態.
D：ホールセルから電極をゆっくり細胞から引き離し，細胞膜を切り取ったあと，細胞膜同士が融合し，小胞を形成し細胞膜の外側が外液に接したアウトサイドアウトの状態.
E, F：インサイドアウトの膜断片における K^+選択性の電流の記録. 上向きの矢印は膜電位（E_m）の負荷を，下向きの矢印は負荷の停止を示す. 上向きの電流は，細胞内から細胞外への K^+の流出に相当する.
E：膜断片の内外の溶液には 225 mM KCl が含まれる. F：膜断片の細胞質側（外液）は 225 mM の NaCl に置き換えた.
（Schroeder *et al*., 1984 より改変）

（コラム 4.4，図 4.5）を，孔辺細胞プロトプラストに適用することによりもたらされた. パッチクランプ法は微小電流を検知し，1 個の膜タンパク質を通過するイオン電流の測定を可能にした. まず，孔辺細胞プロトプラストに微小ガラス電極を押し付けて密着させ（セルアタッチ），電極に張り付いた細胞膜断片を切り離す（図 4.5A, B）. 膜断片とガラス電極はぴったりくっつき，その接着部位は電流を通さず（ギガシールという），膜断片の中にあるチャネルのみが電流を通す. 膜断片は，細胞質側が溶液に面しているのでインサイドアウトという（図 4.5B）.

コラム 4.4
パッチクランプ法

　生体膜のチャネルやポンプを通り抜ける微小電流を測定する方法．この方法は１個のチャネルタンパク質の活性を測定できる．中空の微小ガラス電極の先端を細胞膜（液胞膜）に密着させ，密着部位のイオンの流れを完全にとめ，チャネルを通り抜ける電流を測定する．細胞膜に電極を密着させたセルアタッチ（cell-attached）（A），密着部位の膜断片をはぎ取ったインサイドアウト（inside-out）（B），密着部位に孔をあけ，細胞質と電極内が連絡したホールセル（whole-cell）（C），などの方法が良く使われる（図 4.5）．この方法を適用するには，膜にガラス電極を密着させる必要があり，通常プロトプラストや液胞の単離が必要である．植物細胞ではセルラーゼなどにより細胞壁を消化し，プロトプラストを調製することが多い．

コラム図 6　ゲッチンゲンのマックス・プランク生物物理化学研究所におけるパッチクランプの測定装置（左）と，左から Rainer Hedrich，Julian Schroeder，Erwin Neher と Klaus Raschke
　彼らが中心になって，当時，最新の電気生理学的手法であるパッチクランプ法の適用により，1980 年代後半の気孔の研究に革命をもたらした．Hedrich は Raschke の，Schroeder は Neher の大学院生であった．Neher はパッチクランプ法の開発者のひとりで 1992 年にノーベル賞を授与された．ゲッチンゲン大学の Raschke の研究室には今村駿一郎の写真が掲げてある．

　　インサイドアウトでは細胞膜の細胞質側が外液に接し，細胞質側の
溶液組成を自由に制御できる．ホールセルでは細胞内と電極内の溶液
が連絡しており，細胞内の可溶性成分の制御が可能で，細胞器官や成
分を保持したまま，細胞1個の細胞膜を流れる全電流を測定できる．
本文には細胞1個のチャネル電流（図4.6）とポンプ電流による膜電
位変化（図4.7C）の例がある．ポンプ電流はチャネル電流に比べて
圧倒的に小さいので，膜断片での測定は困難である．

　　このチャネルを通過するイオン電流は以下のようであった（図4.5E）．縦
軸が電流の大きさ，横軸は時間を表す．膜断片の細胞質側に＋90 mVの膜
電位（E_m）を負荷すると（細胞膜を横切って細胞内と細胞外で90 mVの電
位差ができる），5 pAの上向きの電流が流れ，この電流は細胞内から細胞外
への K$^+$の流出に相当する．電流は，いったん停止したが再び同じ大きさ
の電流が流れた．電流の停止はチャネルが閉じたからで，開くと再び流れ，
チャネルの開閉を反映している．膜電位をのぞくと電流は流れなくなった
（$E_m = 0$）．以上は，チャネルが開口すると，膜電位に従い K$^+$が輸送される
ことを示している．矩形電流はチャネル開閉が非常に速いこと，同じ大きさ
の電流（高さ）は膜断片にただ1個のチャネルがあることの反映である．膜
断片に2個のチャネルがあれば2倍の,3個あれば3倍の大きさの電流になる．

　　次に，細胞質側に－80 mVの膜電位（E_m）を負荷すると下向きの電流が
見られ，膜電位に沿って K$^+$が細胞の外側から細胞内に輸送されたことに相
当する（図4.5E）．－40 mVの膜電位では小さい電流が観察された．

　　さらに細胞質側溶液の K$^+$を Na$^+$に置き換えた（図4.5F）．図4.5E と同様
に＋90 mVの膜電位を負荷しても上向きの電流は見られなくなった．つま
り,Na$^+$はこのチャネルを透過できない．一方,－80 mVの膜電位では図4.5E
と同様に下向きの K$^+$電流が見られた．このチャネルは K$^+$は通すが Na$^+$は
通さない K$^+$選択性を示した．

4.3.3　過分極は K$^+$チャネルを通して K$^+$を取り込ませる

　閉鎖している気孔の孔辺細胞の K$^+$濃度は 100 mM 前後で，開口時にはその濃度が 300 〜 600 mM まで増加する（表 4.2）．したがって，気孔がフルに開口するには孔辺細胞内の K$^+$濃度が 200 〜 500 mM ほど増加する必要がある．細胞外の K$^+$濃度は数 mM 〜 10 mM 程度なので，大きな濃度勾配に逆らった K$^+$の取り込みが起きなくてはならない．

　K$^+$の取り込み機構には K$^+$チャネルの特性が深く関わり，孔辺細胞の K$^+$チャネルは濃度勾配に逆らって K$^+$を取り込む性質をもっていた．以下に示そう．

　図 4.6 はこの K$^+$チャネルの電流 - 電位曲線で，膜電位に応じて細胞膜を横断して流れる電流の大きさを示す[4-18]．図 4.5 と異なり，1 個の孔辺細胞の細胞膜全体にある数百個の K$^+$チャネルを流れる電流の総和（whole cell current）を示している．膜電位が－100 mV から－40 mV では電流は認められない．－100 mV より過分極（植物細胞はマイナスの膜電位をもち分極している．さらに分極の方向に電位が変化する）すると下向きの電流が現れ，さらに過分極すると電流は加速度的に増大した．この電流は孔辺細胞内への K$^+$の流入に相当し，このチャネルは過分極により K$^+$を取り込む電位依存

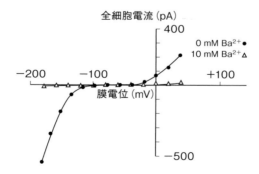

図 4.6　孔辺細胞 K$^+$チャネルの電流 - 電位曲線
この電流はホールセル状態で測定され，細胞 1 個の膜全体を流れる電流に相当する．ソラマメ孔辺細胞プロトプラストが用いられている．（Schroeder *et al*., 1987 より改変）

性のチャネルであった．電流の流れない−100 mV から−40 mV ではチャネルは閉鎖している．Ba^{2+}はK^{+}チャネルの阻害剤である．

4.3.4 青色光はH^{+}を放出させ膜電位を過分極させる

K^{+}チャネルの性質から膜電位の過分極がK^{+}を取り込ませることがわかった（図4.6）．しかし，上に述べたK^{+}の取り込みは膜電位の人為的操作によるもので，孔辺細胞で実際に起きるかどうか不明である．前に見たように，青色光は孔辺細胞へのK^{+}取り込みを誘発した（図4.3）．この青色光の働きの研究から，取り込みの駆動力の実体が明らかになった．

青色光はスイッチとして気孔を開口させる．植物葉にあらかじめ光合成を飽和する強い赤色光を照射しておき，気孔開口が定常状態に達したのち，短時間の青色光（50秒）を加えると気孔がさらに開口し，光を消したのちも

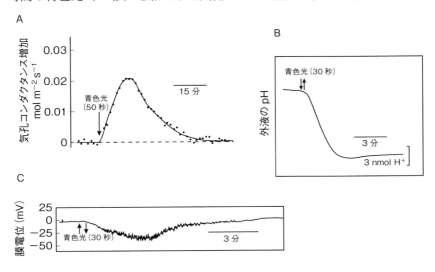

図 4.7　青色光による気孔開口，H^{+}放出，過分極
生葉，あるいは，孔辺細胞プロトプラストにあらかじめ強い赤色光（例：600 μmol m^{-2}s^{-1}）を当てておき，短時間の青色光照射（例：30秒，100 μmol m^{-2}s^{-1}）を行った．光合成は赤色光で飽和しているので，重ねて加えた青色光は光合成には作用しない．
A：ツユクサ生葉の青色光による気孔開口．（Iino *et al.*, 1985 より）
B：孔辺細胞プロトプラストからの青色光によるH^{+}放出．（Shimazaki *et al.*, 1986 より）
C：孔辺細胞プロトプラストの青色光による過分極．ホールセルパッチクランプ法による測定．（Assmann *et al.*, 1985 より）

10 分以上開口を続けた[4-19]（図 4.7A）．この応答は，光合成により引き起こされたものではなく，青色光が引き金になっている．

　同じ条件における青色光の短時間照射は，孔辺細胞プロトプラストからのH^+の放出と孔辺細胞膜電位の過分極を誘発し，これらの応答は照射後も数分以上継続した（図 4.7B, C）[4-20, 4-21]．気孔開口，H^+放出，過分極の時間経過がほぼ同じであることから，H^+放出による過分極がK^+チャネルを介したK^+取り込みの駆動力となり，気孔を開口させたと考えられる．また，青色光に応答する過分極の大きさは$-160\,mV$に達し，K^+チャネルの特性に基づくとこの膜電位は，K^+取り込みに十分の大きさであった[4-22]．

　H^+放出と過分極は青色光照射開始から約 30 秒後にはじまるので，光受容からH^+放出開始までの情報伝達に 30 秒を要することを示している．この青色光による気孔開口の過程には，H^+を放出するタンパク質，青色光を受容する光受容体，この間をつなぐ情報伝達成分が関与している．これらを解明する必要があるだろう．以下に，見ていこう．

　H^+放出には ATP のエネルギーを要したので，その実体はプロトンポンプ（コラム 4.3）である[4-20, 4-21]．チャネルは，K^+を能動的に取り込むことはできないので，ポンプの一次能動輸送によって形成された過分極を駆動力として，二次的にK^+を取り込むことになる（図 4.8）．取り込まれたK^+の陽電荷はデンプンから生成したリンゴ酸やCl^-などの陰イオンによって電気的に中和され，孔辺細胞内にカリウム塩が蓄積する．こうして，孔辺細胞の水ポテンシャルが低下し，水の流入，気孔開口が起きる[4-23]．このチャネルはK^+を取り込むことから，K^+_{in}チャネル，あるいは内向き整流性K^+チャネルと言われる．こうして，1987 年までに気孔の青色光による開口機構の概要が解明された（図 4.8）．孔辺細胞の細胞質に蓄積したK^+とその対イオンは，直ちに液胞に取り込まれる（6.4.3 項参照）．孔辺細胞のK^+_{in}チャネルはShaker 型の電位依存性K^+チャネルに属し，シロイヌナズナには 9 つのチャネル（KAT1，KAT2，AKT1，AKT2 など）が発現しており，K^+の取り込みには KAT1 と KAT2 が中心的役割を果たしている．

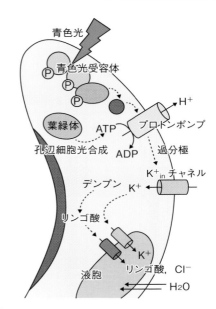

青色光

青色光受容体

ⓅⓅⓅ

葉緑体 ATP プロトンポンプ H⁺

孔辺細胞光合成 ADP 過分極

デンプン K⁺ₙ チャネル

リンゴ酸 K⁺

液胞 K⁺

リンゴ酸, Cl⁻

H₂O

図 4.8 青色光による気孔開口の概要
（Lawson & Matthews, 2020 より改変）

4.3.5 プロトンポンプは細胞膜 H⁺-ATPase

　孔辺細胞のプロトンポンプは，活性に ATP を必要とすることから細胞膜 H⁺-ATPase である可能性が高い．しかし，この酵素が青色光に活性化された例はなく，実体は長いあいだ特定されなかった．1999 年に，ようやく以下の証拠が得られ，ポンプが細胞膜 H⁺-ATPase であることが決定された[4-24]．

　青色光により H⁺ 放出が誘発され，H⁺ 放出速度の増大に応じて H⁺-ATPase 活性が増大した（図 4.9A, B）．さらに，H⁺ 放出速度に比例して H⁺-ATPase がリン酸化され（図 4.9C），リン酸化を抑えると H⁺ 放出が阻害された．つまり，青色光に特異的に応答して H⁺-ATPase がリン酸化により活性化され，H⁺ 放出が起きた．このリン酸化は，細胞膜 H⁺-ATPase の C 末端から 2 番目のスレオニンに起き，その部位に多くの酵素の活性調節に関与する 14-3-3 タンパク質が結合して ATPase 活性が高くなった[4-24]．

　こうして，細胞膜 H⁺-ATPase はリン酸化により活性化され，脱リン酸化により不活性化されることがわかった．孔辺細胞中には，リン酸化と脱リン

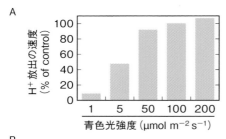

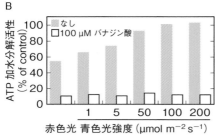

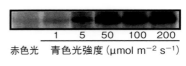

C　ATPase リン酸化レベル

図 4.9　孔辺細胞プロトプラストの H⁺放出，H⁺-ATPase 活性，リン酸化レベル
あらかじめ強い赤色光（600 μmol m⁻²s⁻¹）を照射しておき，重ねて青色光を与えた．
A：孔辺細胞プロトプラストに青色光の強度を変えて与えた．H⁺放出は光強度に応じて増大した．
B：細胞膜の ATPase 活性は青色光強度に応じて増加した．ATPase 活性は，細胞膜 H⁺-ATPase の阻害剤，バナジン酸により抑えられた．
C：細胞膜 H⁺-ATPase を免疫沈降させ，SDS-PAGE により分離し，そのリン酸化レベルを放射性 ³²P の取り込みにより測定した．リン酸化レベルは青色光強度に応じて増大した．
（Kinoshita & Shimazaki, 1999 より）

酸化を触媒する酵素がそれぞれ存在するはずである．細胞膜 H⁺-ATPase をリン酸化する酵素はまだ同定されていないが，脱リン酸化酵素としてタイプ 2-C のタンパク質脱リン酸化酵素（protein phosphatases）PP2C（PP2C clade D）である可能性が高い[4-25]．

　シロイヌナズナの細胞膜 H⁺-ATPase には 11 のイソ酵素があり，そのうちの特定のものが根，茎，葉，花などに発現し，それぞれの器官にある別の二次輸送体と共役して器官特異的機能を担っている[4-26]（コラム 4.5）．孔辺細胞では，H⁺-ATPase と K⁺ᵢₙ チャネルが共役し，H⁺-ATPase のイソ酵素の

コラム 4.5
細胞膜 H^+-ATPase の働き

　細胞膜 H^+-ATPase はほとんどすべての植物組織に存在し，細胞膜を介して H^+ 勾配（細胞外の H^+ 濃度が高い）と電位差（細胞内がマイナス）を形成する一次能動輸送体である．H^+ 勾配と電位勾配は，それぞれ，器官に特異的な二次輸送体と共役して様々な物質輸送を駆動する．篩管では H^+ 勾配とショ糖 /H^+ 共輸送体が共役してショ糖を，根ではリン酸 /H^+ 共輸送体と共役して PO_4^{3-} を取り込み，多くの植物で対向輸送体と共役して Na^+ を排出する．気孔では膜電位と K^+_{in} チャネルが共役して K^+ を取り込む．

　このように細胞膜 H^+-ATPase と器官特異的な多くの二次輸送体との組み合わせで，様々な物質を輸送することが植物細胞の特徴である．植物は 10 程度の細胞膜 H^+-ATPase のイソ酵素を有し，そのいくつかが 1 つの器官に発現し，異なる制御や機能重複により，変化する環境に応じて安定的な物質輸送を可能にしている．細胞膜 H^+-ATPase は細胞質の pH 制御にも寄与している．

なかで AHA1 が中心的役割を果たした [4-27]．一方，細胞膜 H^+-ATPase が青色光に活性化される例は孔辺細胞以外には知られておらず，孔辺細胞には他には見られない青色光受容機構が付加的に備わっていると思われる．

4.3.6　青色光受容体はフォトトロピン

　気孔の青色光受容機構はどのようなものであろうか？　植物には多くの青色光反応が知られている．光屈性，向日性，葉緑体運動，茎（胚軸や幼葉鞘）の光伸長抑制，脱黄化，気孔開口など，である．これらの青色光応答の初発反応を担う物質が青色光受容体である．青色光受容体として最初に同定されたのはクリプトクロムで，このタンパク質は植物の光伸長抑制や脱黄化と，動物の概日リズムの制御に関与している [4-28]．

コラム 4.6
フォトトロピン

　フォトトロピンは，光屈性の青色光受容体として 1997 年に米国の W. Briggs らにより発見された植物に特有の光受容体である．彼の光屈性の研究開始から 40 年以上経っていた．フォトトロピンはセリン/スレオニン型タンパク質リン酸化酵素で，N 末端にフラビンモノヌクレオチドの結合した 2 つの LOV ドメイン（LOV1，LOV2）と言われる青色光吸収部位を，C 末端にリン酸化活性をもつキナーゼドメインをもち，細胞膜に結合している（図 4.10）．LOV ドメインが光を吸収すると構造変化が起こり，キナーゼドメインのセリン（シロイヌナズナの phot1 では Ser-851 と Ser-849）が自己リン酸化され，基質のリン酸化による情報伝達が開始される．

　フォトトロピンは光屈性のみならず，葉緑体集合運動，葉緑体逃避運動，葉の平滑化，葉の太陽追尾運動，気孔開口など，様々な応答を担うことがわかっている．これらの応答の多くは光捕捉の促進により光合成電子伝達を増大することで，気孔開口のみが CO_2 吸収を促進し，あわせて光合成を増大している．1 つの光受容体が異なる応答を可能にするのは，フォトトロピンにリン酸化される基質タンパク質が器官により異なり，その下流成分も異なっているからである．

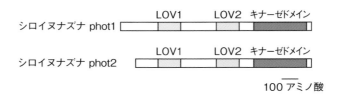

図 4.10　シロイヌナズナのフォトトロピンの一次構造
コラム 4.6 参照．（Briggs & Christie, 2002 より改変）

　気孔の青色光受容体の解明には光屈性の光受容体の同定を待たねばならなかった．芽生えに青色光を横から照射すると光の方向に屈曲する．光を当てても屈曲しない突然変異体が選抜され，その原因遺伝子が光屈性の青色光受容体として同定され[4-29, 4-30]，そののち，この遺伝子がコードするタンパク質は光屈性（phototropism）にちなんでフォトトロピン（phototropin，略して phot）と名付けられた（コラム 4.6）（図 4.10）．ついで，フォトトロピンのホモログが発見され，それぞれ，phototropin 1（phot1）と phototropin 2（phot2）と命名された[※1]．phot1

※1　遺伝子は大文字の斜体，そのコードするタンパク質は大文字立体，変異遺伝子は小文字の斜体で表記した.

　フォトトロピンの場合，遺伝子は *PHOT1* ，タンパク質は PHOT1，さらに，補欠分子族 FMN を結合したホロ酵素と FMN の結合していないアポ酵素がある．アポ酵素は PHOT1，ホロ酵素は phot1 として表記される.

コラム 4.7
作用スペクトルと吸収スペクトル

　植物には光に応答する多くの反応がある．反応の光受容体を知るには作用スペクトルが手がかりになる．作用スペクトルは，同じ強度の異なる波長の単色光を照射し，反応の大きさを縦軸に，波長を横軸に表したものである．このとき用いる照射光は，応答が強度に比例して増大する弱光を用いる．こうして得られた作用スペクトルは，光受容体の吸収スペクトルと類似しているはずで，光受容体を知る手がかりになる.

　光による気孔開口の作用スペクトルは，カロテノイド，または，フラビンの吸収スペクトルと似ており，これらのいずれかが光受容色素と考えられていた．直接的証拠は変異体を用いた研究から得られ，気孔の青色光受容体がフォトトロピンであることが解明された．気孔開口の作用スペクトルとフォトトロピンの光受容色素であるフラビンモノヌクレオチド（FMN）の吸収スペクトルはよく一致している.

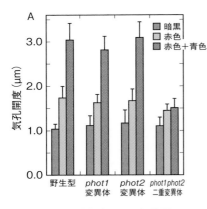
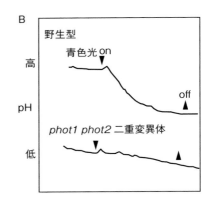

図 4.11　青色光による気孔開口への phot1 と phot2 の関与
A：シロイヌナズナの剥離表皮に赤色光，または，赤色光と青色光を重ねて
与えた．気孔開度は顕微鏡で測定した．
B：シロイヌナズナの剥離表皮に赤色光を照射しておき，そののち，青色光
を重ねて与えた．溶液の pH は微小ガラス電極を用いて測定した．
(Kinoshita *et al*., 2001 より改変)

と phot2 は役割に違いがある．phot1 は弱光から強光まで，phot2 は強光に応
答し，例えば，強光障害を避ける葉緑体逃避運動は phot2 が仲介する[4-31]．

　気孔開口の作用スペクトル（コラム 4.7）はフォトトロピンの吸収スペク
トルに酷似している．しかし，*phot1* 変異体や *phot2* 変異体の気孔は，青色
光に応答して開口した．一方，phot1 と phot2 の両方を欠失した二重変異体
（*phot1 phot2*）の気孔は，青色光により開口せず（図 4.11A），H^+ を放出せ
ず（図 4.11B），蒸散も起きなかった．これらのことから，phot1 と phot2 の
両方が気孔の青色光受容体として働いていることになる[4-21]．phot1 と phot2
のうち 1 つが正常であれば気孔の青色光応答が起きる．

4.3.7　フォトトロピンから細胞膜 H^+-ATPase への情報伝達

　フォトトロピンに受容された光情報は細胞膜 H^+-ATPase に伝達される．
フォトトロピンの青色光受容から H^+ 放出が始まるまで約 30 秒を要するこ
と，フォトトロピンは H^+-ATPase を直接にはリン酸化しないことから，フォ
トトロピンと H^+-ATPase の間に情報伝達体が存在している（4.3.4 項参照）．
　未知の情報伝達体の解明には，気孔の青色光応答を欠いた変異体を選抜す

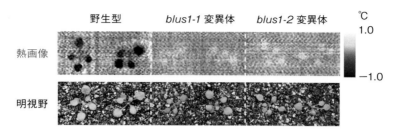

野生型　　　*blus1-1* 変異体　　　*blus1-2* 変異体　　℃

1.0

−1.0

熱画像

明視野

図4.12　葉温による気孔開口の変異体の選抜
シロイヌナズナの葉温は赤外線サーモグラフィー（熱画像）により測定され，野生
型は青色光により葉温が低下し，変異体の熱画像は白くなり葉温が上昇したことが
わかる．下は同じ植物の明視野像である．（Takemiya *et al.*, 2013 より改変）

ることが有効である．気孔が開口すると蒸散により葉温が低下する．この
ことを利用して，青色光に応答する葉温低下を指標に，赤外線サーモグラ
フィーによりシロイヌナズナの変異体が選抜された[4-33, 4-34]．得られた変異体
は，青色光によって葉温が低下せ
ず，むしろ上昇し（図4.12），原
因遺伝子としてタンパク質リン酸
化酵素が同定された．この酵素は
フォトトロピンに直接リン酸化
され，BLUE LIGHT SIGNALING
1（BLUS1）と名付けられた．
BLUS1 はフォトトロピンの基質
として最初に同定されたもので，
リン酸化されることにより下流に
情報を伝達した（図4.13）．

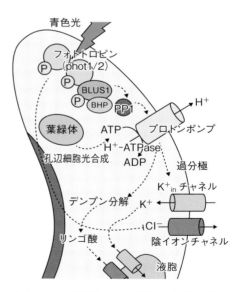

青色光

フォトトロピン
(phot1/2)

P

P

BLUS1

P

BHP

PP1

葉緑体

ATP

H+

プロトンポンプ

H+-ATPase

ADP

孔辺細胞光合成

過分極

K+in チャネル

デンプン分解

K+

Cl−

陰イオンチャネル

リンゴ酸

液胞

図4.13　青色光による気孔開口と情報伝達体
新たに解明された情報伝達成分．（Lawson &
Matthews, 2020 より改変）

　BLUS1 の下流に，BLUS1 と
結合する新たなリン酸化酵
素が同定され BLUE LIGHT-
DEPENDENT H⁺ -ATPASE
PHOSPHORYLATION（BHP）と

名付けられた．BHP は BLUS1 と H$^+$-ATPase のあいだの情報伝達を仲介した[4-35]（図 4.13）．

これまで明らかになったフォトトロピンや BLUS1，BHP などのタンパク質リン酸化酵素は，リン酸化カスケードを通して情報を増幅し，その情報は細胞膜 H$^+$-ATPase に達する．ところが，この情報伝達系にはタンパク質脱リン酸化酵素（protein phosphatase 1：PP1）が働いており，この酵素は，H$^+$放出，細胞膜 H$^+$-ATPase のリン酸化，気孔開口に必要であった[4-36, 4-37]．気孔の青色光情報は，細胞膜 H$^+$-ATPase を直接リン酸化する未同定の酵素を加えると，少なくとも 4 種のリン酸化酵素が関与するリン酸化カスケードを通して増幅される．このリン酸化の過程に PP1 のような脱リン酸化酵素が挟まっている理由は不明である（図 4.13）．

前に述べたように，孔辺細胞に蓄積した K$^+$の陽電荷は，リンゴ酸などの陰イオンによって電気的に中和される．興味深いことに，リンゴ酸は青色光による細胞膜 H$^+$-ATPase の活性増大にともなって生成された[4-37]．H$^+$-ATPase の活性化は K$^+$の取り込みを駆動するので，K$^+$の蓄積とリンゴ酸生成は連動していることになる．リンゴ酸の生成は，青色光によって活性化されたアミラーゼによるデンプンの分解により進んだ[4-37]（図 4.13）．こうして青色光は，陽イオンの取り込みと陰イオンの合成の両方を誘発することになる．

蓄積した陰陽両イオンは細胞質にとどまることなく液胞に移行し，液胞の体積も増大した．液胞におけるイオン輸送と体積増大については後述する（6.4.3 項参照）．

4.3.8　フォトトロピンは陰イオン流出を抑制する

のちに詳しく述べるが，孔辺細胞の細胞膜には陰イオンチャネルが存在し，このチャネルは蓄積した Cl$^-$やリンゴ酸などの陰イオンを流出させることによって K$^+$の流出を誘発し，気孔閉鎖を引き起こす．したがって，陰イオンチャネル活性が高いままなら，陰陽両イオンが蓄積せず，気孔は開口しない．気孔開口には陰イオンチャネルの阻害が必要である．

このことに一致して，フォトトロピンを介して陰イオンチャネルが阻害さ

れた[4-38]．この経路には，タンパク質リン酸化酵素 CBC1（CONVERGENCE
OF BLUE LIGHT AND CO$_2$ 1）と CBC2 が関与し[4-39]，この酵素は，フォト
トロピンを介してリン酸化され，陰イオンチャネルを阻害した．CBC1 と
CBC2 の二重変異体（*cbc1 cbc2*）では陰イオンチャネルが阻害されず，気孔
開口が抑制された（図 4.13）．CBCs は青色光情報とあとで述べる CO$_2$ 情報
の収斂点になることから，この名前が付けられた（6.1 節参照）．

4.3.9 光合成による気孔開口

植物葉に強い赤色光を照射すると気孔が開口する[※2]．この開口には葉肉細
胞と孔辺細胞の光合成が関与しており，青色光応答に比べて 10 ～ 20 倍の
強光を必要とした[4-12, 4-14]（図 4.4）．光合成による気孔開口には 3 つの要因が
ある．孔辺細胞の光合成による ATP の生成[4-40]，葉肉細胞の光合成による
CO$_2$ 濃度（*Ci*）の低下，葉肉細胞からの水溶性の未知シグナルの伝達，である[4-41]．ATP
は H$^+$-ATPase を動かすエネルギーとして，*Ci* 低下は陰イオンチャネルの阻害により，気孔開口に寄与する（図 4.14）．葉肉細胞由来のシグナルは孔辺細胞の H$^+$-ATPase を活性化するとされるが，実体は不明である[4-42, 4-43]．

光合成による気孔開口は，被子植物，裸子植物，シダ植物，ヒカゲノカズラなど，多くの

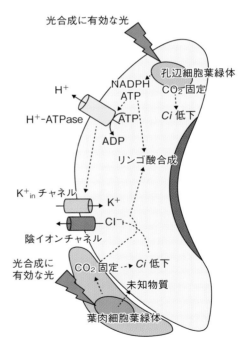

図 4.14 光合成による気孔開口
（Lawson & Matthews, 2020 より改変）

※2 強い青色光もまた光合成依存
の気孔開口を引き起こす．青色光効
果とは異なる．

植物種に認められた[4-44]. 青色光応答を欠く薄嚢シダの気孔（4.4.1 項参照）は，光合成に有効な光で開口し，この応答には孔辺細胞にある多数の葉緑体の電子伝達反応が寄与し，細胞膜 H^+-ATPase が開口を駆動した[4-45].

4.3.10　光合成に有効な光と青色光の相乗効果

気孔の青色光応答は，光合成による気孔開口と区別される青色光に依存する反応である[4-19]（図 4.7）．その一方で，強い赤色光の条件で弱い青色光を重ねて与えると気孔は大きく開口するのに，弱い青色光だけではほとんど開口しない.

光合成を飽和する強い赤色光（600 μmol^{-2}s^{-1}）に弱い青の光（5 μmol^{-2}s^{-1}）を重ね合わせたときの気孔開口の大きさは，同じ強度の赤，青，それぞれ単独で与えたときの開口の大きさの合計より大きくなる．光合成に有効な光（赤色光）と青色光とは気孔開口に相乗効果を生み出している[4-13, 4-23]．つまり，気孔の青色光応答には光合成に有効な光が必要である．相乗効果の機構は未解明の点が多いけれども，光合成による Ci の低下が，気孔の青色光応答を増大させる一要因であろう[4-46]．気孔の青色光応答は，Ci の低下を通して光合成の大きさを検知し，必要に応じて CO_2 を供給する仕組みかもしれない.

4.4　青色光による気孔開口機構の進化

気孔の青色光応答は，当初ツユクサやソラマメを対象に研究が進んだ．そののちモデル植物シロイヌナズナを材料に，分子レベルの研究が進んだ．しかし，この 3 種以外の植物種では，この応答の研究は限られる．青色光応答の特徴は，強い赤色光の照射条件で弱い青色光を重ねると，気孔が大きく開口することである．この特質を指標に，異なる植物種の青色光応答の存在が調べられた.

4.4.1　気孔の青色光応答の分布

これまで調べられた被子植物の C_3 と C_4 植物[4-3]，および CAM 植物のすべてに気孔の青色光応答が見られた[4-47]．おそらく，すべての被子植物に気孔の青色光応答が存在しているだろう．そこで，以下では裸子植物，シダ植物（大葉），小葉植物の青色光応答の存在について見ていく.

裸子植物は4つの系統に分類される．ソテツ類，イチョウ類，グネツム類，球果（マツ）類である（図3.1）．ソテツ類のザミア（*Zamia furfuracea*）とソテツ（*Cycas revoluta*），イチョウ類のイチョウ（*Ginkgo biloba*），グネツム類のグネツム（*Gnetum* sp.），および，球果類のヒノキ（*Chamaecyparis obtusa*）のすべてに気孔の青色光応答が見られた[4.44]．ソテツ，イチョウ，グネツムの例を挙げた（図4.15）．おそらく，すべての裸子植物に青色光応答があるだろう．ソテツは他の植物と異なり赤色光に応答しなかった．

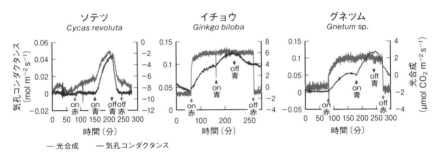

図4.15　裸子植物の気孔の青色光による開口
生葉に赤色光（600 μmol m^{-2} s^{-1}）を照射し，次に青色光（5 μmol m^{-2} s^{-1}）を重ねて照射した．ついで，青を消し，最後に赤を消した．上向き矢印は点灯を，下向きは消灯を示している．気孔コンダクタンスと光合成によるCO_2吸収を測定した．（Doi *et al.*, 2015 より改変）

シダ植物には，現生シダの種数の95％を占める薄嚢シダ類と，真嚢性のリュウビンタイ類，トクサ類，ハナワラビ類，マツバラン類がある（図3.1）．驚いたことに，薄嚢シダ類のいずれの種でも気孔の青色光応答が見られなかった[4.44]．ホウライシダ(ホウライシダ科)，オオバイモトソウ(ウラボシ科)，コタニワタリ（チャセンシダ科），タマシダ（タマシダ科），コシダ（ウラジロ科），ゼンマイ（ゼンマイ科），ヘゴ（ヘゴ科），ホシダ（ヒメシダ科），ノキシノブ（ウラボシ科）などである．具体例としてゼンマイ，ノキシノブ，コシダの例を取り上げた（図4.16）．

一方，薄嚢シダと共通の祖先から分岐したリュウビンタイ（リュウビンタイ類）とトクサ（図3.1）には気孔の青色光応答が見られた（図4.17）．さら

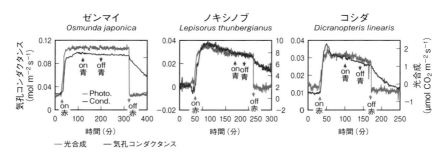

図 4.16　薄嚢シダの気孔は青色光に応答しない
実験条件は図 4.15 と同じ．（Doi *et al*., 2015 より改変）

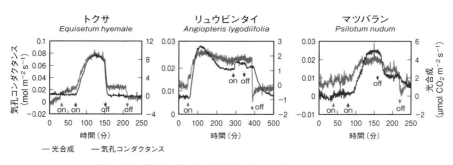

図 4.17　真嚢シダの気孔は青色光に応答する
実験条件は図 4.15 と同じ．（Doi *et al*., 2015 より改変）

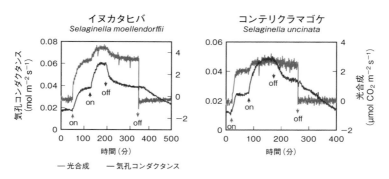

図 4.18　小葉植物の気孔は青色光に応答する
実験条件は図 4.15 と同じ．（Doi *et al*., 2015 より改変）

に，薄嚢シダ，リュウビンタイ，トクサを含む分類群の分岐以前に，共通祖先から分岐したハナワラビ類のフユノハナワラビとマツバラン（マツバラン類）にも青色光応答があった（図4.17）．

　これらの大葉植物と最基部で分岐した小葉植物ヒカゲノカズラ類のイヌカタヒバ（*Selaginella moellendorffii*）とコンテリクラマゴケ（*Selaginella uncinata*）にも，明確な青色光応答があった（図3.1，図4.18）．

　以上から，薄嚢シダ以外の調べられたすべての種で気孔の青色光応答が存在した．薄嚢シダ類より原始的な形質を残す真嚢性のリュウビンタイ類やトクサ類，ハナワラビ類，マツバラン類に青色光応答が認められた．また，小葉植物も青色光応答を示した．これらのことから，大葉植物と小葉植物の共通祖先に気孔の青色光応答が備わっており，薄嚢シダでは，何らかの理由によりこの応答を失ったと思われる．現時点での成果をまとめると図4.19のようになる．ただし，系統の異なる植物の青色光応答が，シロイヌナズナと

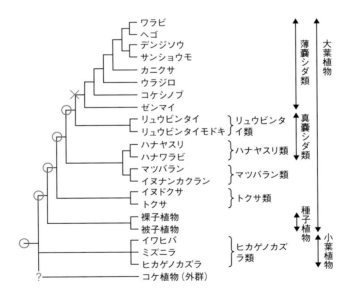

図4.19　植物の分子系統樹と気孔の青色光応答の分布
　○は存在を，×は不存在を示す．コケ植物は不明である．（村上哲明，2016より改変）

同じ成分や機構を備えているかどうかは不明である.

　薄嚢シダ類は，光の届きにくい林床に新たに発生した単系統群で，フォトトロピンに加えて他の植物にはないフォトトロピンとフィトクロムのキメラタンパク質ネオクロムを有している．ネオクロムは極端に微弱な光に応答する光受容体で[4-48]，ネオクロムの獲得が気孔の青色光応答欠失に関連するかもしれない[4-49].

　コケ植物のツノゴケ類や蘚類の気孔は胞子嚢にあり，開口したまま維持され，胞子嚢の乾燥と胞子散布を促進するとされる．一方，ツノゴケの気孔は光に応答して開口し，CO_2 を取り込み光合成に寄与するとする報告と[4-50]，光に応答しないとする報告があり[4-51]，統一見解は得られていない.

4.4.2　気孔の青色光応答に関わる分子の進化

　シロイヌナズナと蘚類ヒメツリガネゴケでは，ゲノム情報の全容が解明されている[4-52]．ヒメツリガネゴケに細胞膜 H^+-ATPase が発現しており，この酵素をカビ毒フジコッキンにより活性化すると気孔が開口した[4-50]．ヒメツリガネゴケにはフォトトロピンも発現していたが，フォトトロピンと H^+-ATPase をむすぶ経路については不明で，シロイヌナズナにある BLUS1 と BHP などの情報伝達成分は存在しなかった[4-53].

　細胞膜 H^+-ATPase はコケ植物から被子植物まで共通に存在している．気孔の青色光応答を欠く薄嚢シダでも細胞膜 H^+-ATPase が気孔開口を駆動した[4-45]．おそらく，細胞膜 H^+-ATPase はすべての植物の気孔開口に関与しているだろう．フォトトロピンから細胞膜 H^+-ATPase をつなぐ情報伝達体は系統によって異なる可能性が高い.

4.4.3　気孔の青色光応答の生理的意味

　気孔は，クロロフィルやカロテノイドに吸収される光（赤，緑，黄，青など）によって開口するのに加えて，フォトトロピンに吸収される青色光に敏感に応答して開口する[4-23, 4-46, 4-54]．自然環境では，この2つの機構が同時に働いて気孔が開口する．しかし，性質の異なる2種類の応答が存在する生理学的意味は明確ではない．気孔の青色光応答が，多くの場合，光合成による気孔開口よりも迅速に起こり，光を消したのちも開口が継続することなどに基づ

いて以下のことが想定されている.

①気孔の開口速度は,光合成に比べてずっと遅く,暗から明への転換時には光合成へのCO_2供給は不足する.そこで,青色光と赤色光の比が高い午前中には,青色光を利用してすばやく気孔を開口し,CO_2供給を高める.②林床では,木漏れ日のように光が短時間当たり,すぐに日陰になる環境がある.このような環境では,すばやく気孔を開口し,光の去ったあとも開口を継続させ,次の機会のCO_2取り込みに備える.③気孔を大きく開口させ,蒸散の増大によって葉温を低下させ,植物葉をより良い条件に保つ[4-54].葉温低下によって,葉温が光合成の至適条件に近づく例が知られている.④気孔の青色光による開口は,Ci の低下に応じて大きく応答するようになる[4-46].Ci の低下を感知して気孔をより大きく開口することにより,光合成に必要なCO_2の供給を行う.⑤赤色光により光合成の飽和している条件で,青色光を照射するとさらに気孔が開口する(図 4.15 ～図 4.18).この応答は,光合成を増大させることはないので,水を無駄に消費しているように思える.しかし,気孔開口により増大した蒸散流は,土壌から得た無機窒素やリン酸,カリウムなどの有用成分を,維管束を通して組織へ供給するだろう.無機窒素などの施肥により,植物が劇的に成長する事実から,植物にはCO_2よりも窒素などの土壌中の成分がより必要とされていると考えられる.

これまで,気孔の青色光による開口の生理的意味について,応答の特質に基づいて述べてきた.青色光が,気孔開口によりCO_2の取り込みを促進するのみならず,葉緑体運動,葉の平滑化,葉の太陽追尾運動を誘発し,光捕集の増大により光合成電子伝達反応を促進することを考慮すると(コラム4.6),気孔の青色光応答の新たな役割が見えてくる.これらの応答が同時に進むことによって,電子伝達反応と炭酸固定反応の両方が促進され,光合成が最大化されることである.以下に,その具体例を挙げよう.

赤色光条件(25 μmol m^{-2} s^{-1})でシロイヌナズナを生育させると,野生株,変異株のあいだで成長に差が見られない.赤色光の強度のわずか0.4%(0.1 μmol m^{-2} s^{-1})の青色光を重ねて照射すると,野生株と *phot2* 変異株の成長が3倍に促進された[4-55](図 4.20).青色光は赤色光の強度に比べて極めて

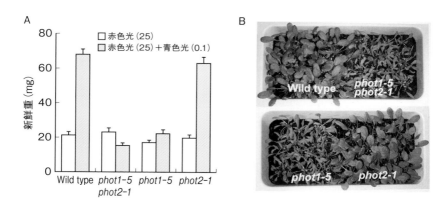

図 4.20　青色光によるシロイヌナズナの成長促進
A：赤色光（25 µmol m^{-2} s^{-1}）と赤色光に青色光（0.1 µmol m^{-2} s^{-1}）を
加えた 2 つの条件で 4 週間生育させ，緑葉部の新鮮重を測定した．
B：赤色光に青色光を加えた条件で 5 週間生育させた．
（Takemiya *et al.*, 2005 より）

小さいので，光合成への寄与は無視できる．この成長促進は，青色光による
気孔開口が CO_2 の供給を増大させ，同じく青色光によって増大する電子伝
達反応と協調して，光合成を最大にしたからである．なお，この青色光の効
果は，*phot1 phot2* 二重変異体と *phot1* 変異体では認められず，phot1 により
もたらされている．

5章 気孔の閉鎖

　植物は乾燥や土壌水分不足に遭遇すると気孔を閉鎖する．蒸散による水の消費を抑え，枯死を防ぐためである．気孔閉鎖は，暗黒，Ca^{2+}，高濃度CO_2，大気汚染ガス，などが誘発する．なかでも，水分不足時に働き，気孔を閉鎖させる植物ホルモン，アブシジン酸（ABA）の作用機構は良く解明されている．この過程には，ABA受容体，受容シグナルを下流に伝える情報伝達成分，閉鎖を駆動するイオン輸送体が含まれ，植物におけるホルモン応答の最も迅速な例の1つで，詳細な解明がすすんでいる．

5.1　気孔の閉鎖機構

　孔辺細胞から水が流出し，体積が減少して，気孔が閉鎖する．この過程では，気孔を開口させる働きが停止するのみならず，気孔を閉鎖させる機能，すなわち，K^+，リンゴ酸，塩化物イオンなどの陰・陽両イオンの積極的な流出が進む（4.1節参照）．このイオン流出は開口時のイオン取り込みよりも速く，閉鎖は開口より速い．気孔閉鎖の典型例が植物ホルモンABAの作用である．また，気孔閉鎖の生理的役割は，ABAを合成できないタバコの突然変異体から知ることができる．この変異体は気孔が開いたままになるので（図2.5），湿度が90％以上ないと枯死してしまう[5-1]．以下に詳しく述べよう．

　水に浮かべたツユクサ表皮にABAを加えると，孔辺細胞内のイオンは飛び出すように出ていき，気孔が閉じる[5-2]．この発見はABAの作用を明確に示しており，気孔閉鎖の研究を加速させた．また，青色光照射によって孔辺細胞プロトプラストが膨らんだように，ABA添加によりプロトプラストは収縮する．以下には，気孔閉鎖のモデルケースとして，ABAによる気孔の閉鎖機構を述べよう．

5.2　気孔閉鎖の分子機構

5.2.1　K^+を流出させるには膜電位の脱分極が必要

孔辺細胞の K^+ チャネルが K^+ 取り込みの通り道になることを述べた．このチャネルは K^+ 流出の通路にもなり，気孔閉鎖に必須の働きをしている．

K^+ チャネルの電流 - 電位曲線に戻ろう（図 4.6）．横軸の $-100\,mV$ から $-40\,mV$ では電流は認められない．しかし，膜電位が $-40\,mV$ 以上になると細胞外への（上向きの）電流が現れ，膜電位の上昇にともない電流値が増大した．この電流は，孔辺細胞から流出する K^+ に相当する．つまり，孔辺細胞の K^+ チャネルは，膜電位が高くなると K^+ を流出した．この K^+ チャネルは細胞外へ K^+ を輸送することから K^+_{out} チャネル，あるいは，外向き整流性 K^+ チャネルと呼ばれる[5-3, 5-4]．K^+ の流出は，膜電位のプラス側への転移により加速度的に増大し，気孔閉鎖には孔辺細胞膜電位の脱分極が必要であることがわかる．気孔閉鎖に働く K^+_{out} チャネルは GORK（GUARD CELL OUTWARD RECTIFYING K^+ CHANNEL）と名付けられ，ノックアウト変異体は K^+_{out} 電流が消失し，気孔閉鎖が妨げられた[5-4]．このチャネルも Shaker 型ファミリーに属している．

こうして，K^+_{in} チャネルは気孔開口に，K^+_{out} チャネルは気孔閉鎖に関与している．K^+_{in} と K^+_{out} チャネルは異なるタンパク質で，別の遺伝子にコードされていることがわかっている[5-5]．

5.2.2　閉鎖の駆動力は Ca^{2+} に活性化される陰イオンチャネルが形成

気孔閉鎖には孔辺細胞の脱分極が必要である．しかし，脱分極を引き起こす機構は不明であった．1987 年の K^+_{out} チャネルの発見[5-3] から 2 年後，1989 年に脱分極を引き起こす別のチャネルが，ソラマメ孔辺細胞の細胞膜に発見された[5-6]（図 5.1A）．このチャネルは Ca^{2+} に活性化される陰イオンチャネルで，$0.01\,\mu M$ の Ca^{2+} の存在下では活性が全く見られないが，$1.5\,\mu M$ の Ca^{2+} を加えると大きな Cl^- 電流が見られるようになった．Cl^- の流出は孔辺細胞に脱分極をもたらす．Ca^{2+} は気孔開口を阻害し[5-7]，気孔閉鎖を誘発することから[5-8]，この陰イオンチャネルの活性化が気孔閉鎖の引き金にな

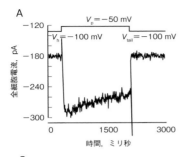

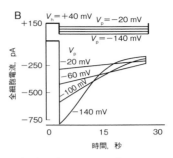

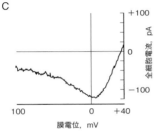

図 5.1　孔辺細胞の陰イオンチャネル

V_h はホールディング電位，V_p はパルス電位，V_{tail} は最終電位．チャネル活性はすべて 0.3 μM Ca^{2+} の存在下で測定された．

A：R- 型（rapid）陰イオンチャネル．膜電位を -100 mV から -50 mV に脱分極させると直ちに大きな電流がながれ，そのあと減衰した．約 2 秒後に再び -100 mV に戻すと，この電流は直ちに停止した．

B：S- 型（slow）陰イオンチャネル．ホールディング電位（V_h）の $+40$ mV から，-20 mV，-60 mV，-100 mV，-140 mV に分極させた．このチャネルはすでに活性化されており，分極の大きさに応じて電流が流れた．このチャネルは分極によりゆっくり不活性化されたが，30 秒後にも電流が認められた．このチャネルは脱分極によりゆっくり活性化されるが，この図では示されていない．

C：孔辺細胞の S- 型陰イオンチャネルの電位依存性．Cl^- が細胞内から細胞外へ流れ，膜電位が 0 mV 付近で最大を示し，膜電位がマイナス方向にシフトするとこのチャネルは不活性化された．プラス側にシフトすると平衡電位に近づき電流は小さくなった．
(Schroeder & Keller, 1992 より）

ると考えられた．

　孔辺細胞の膜電位を -100 mV から脱分極（プラス側にシフト）させると，性質の異なる 2 種類の陰イオンチャネルが活性化された．これらのチャネルは R- 型（rapid）と S- 型（slow）からなり，R- 型は膜電位の脱分極によって瞬時に活性化され，膜電位を再度 -100 mV に戻すと瞬時に活性が停止することから，この名前が付けられた（図 5.1A）．一方，S- 型は脱分極によりゆっくり活性化され，脱分極後に分極（マイナス側にシフト）させても，しばらくは活性を維持し，その後ゆっくり不活性化されることから，この名前が付けられた（図 5.1B）[5-9]．

　気孔の閉鎖を誘導するためには，10 分以上にわたる持続的なイオンの流出が必要なので，気孔閉鎖には S- 型陰イオンチャネルが中心的役割を果たすと考えられている．R- 型陰イオンチャネルは ALMT12（ALUMINUM ACTIVATED MALATE TRANSPORTER 12）/QUAC1（QUICK-ACTIVATING ANION CHANNEL 1）と言われ，細胞膜の一過的な脱分極やリンゴ酸の輸送に働くとされる．

　ソラマメの孔辺細胞で解明された S- 型陰イオンチャネルについて詳しく見て行こう．S- 型チャネルは Ca^{2+} で活性化され，興味深い電位依存性を示した（図 5.1C）．孔辺細胞の膜電位が－100 mV のとき，比較的小さい電流が流入し（プラス荷電が流入＝マイナス荷電の流出に相当する），脱分極が進むとこの電流は徐々に増大し，0 mV で最大に達した．さらに膜電位が上昇すると電流は急激に減少し，＋40 mV 付近で 0 になった．この電流は，細胞から流出する Cl^- によるものであった．

　ここで，前項で述べた K^+_{out} チャネルに注目しよう（図 4.6）．－100 mV から－40 mV の範囲では K^+ の輸送は起きないが，脱分極によって－40 mV を越えると K^+ の流出が始まる [5-3]．つまり，S- 型チャネルによる陰イオン流出にともない膜電位が－40 mV を越えると，陰イオンと一緒に K^+ の流出が始まる．こうして，細胞膜を横切る K^+ と Cl^- の流出によって孔辺細胞の膜電位は両イオンが継続して流出する電位（－40 mV から＋40 mV）に保たれ，気孔閉鎖に至る．

　気孔閉鎖時には孔辺細胞からのイオン流出の前に，液胞に蓄積されていたイオンが細胞質に流入する．この液胞の機能は後述する（図 4.8, 図 5.3, 6.4.3 項参照）．

5.2.3　ABA は孔辺細胞の細胞質 Ca^{2+} の濃度を上昇させる

　ABA も Ca^{2+} も気孔を閉鎖させる．この 2 つの化学物質の気孔閉鎖における関係はどうなっているのだろうか？　1990 年，ABA（1.0 μM）が孔辺細胞 細胞質の Ca^{2+} を増加させることが示された [5-10]（図 5.2A）．通常，細胞質の Ca^{2+} 濃度は 0.1 μM 以下で，ツユクサ表皮に ABA を加えると 0.6 μM になり，そののち気孔が閉鎖をはじめた（図 5.2B）．ABA は Ca^{2+} を上昇させて

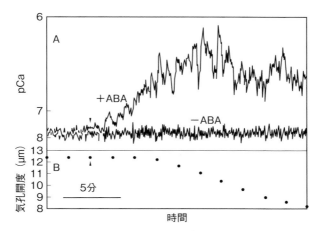

図 5.2 ABA による孔辺細胞細胞質の Ca^{2+}濃度の増加と気孔閉鎖
A:孔辺細胞細胞質の Ca^{2+}濃度の経時変化. B:気孔開度の経時変化.
（McAinsh *et al.*, 1990 より改変）

気孔閉鎖を誘発することになる.

　ABA による気孔閉鎖は次のように進む（図 5.3）. ABA が孔辺細胞に受容されると，細胞質の Ca^{2+}がおおよそ 1 μM まで増加する. Ca^{2+}はカルシウム依存性のタンパク質リン酸化酵素（CPKs：Ca^{2+}-DEPENDENT PROTEIN KINASES）を活性化し，ついで S-型陰イオンチャネルをリン酸化により活性化し，陰イオンを流出させる. その結果，孔辺細胞の膜電位は $-100 \sim$ $-120\,\mathrm{mV}$ から脱分極を起こし，$-40\,\mathrm{mV}$ を越えると K$^+$の流出が始まる（図 4.6）. こうして，陰・陽両イオンの流出が継続し，気孔が閉鎖する. 一方，Ca^{2+}は H$^+$-ATPase と K$^+_{in}$ チャネルの阻害により気孔開口を抑え，気孔閉鎖を支える [5-11, 5-12]（図 5.3）. これまで，細胞質から細胞膜を通るイオンの流出を述べてきた. これらのイオン種には K$^+$，Cl$^-$，リンゴ酸などが含まれ，気孔開口時に細胞質に取り込まれるか合成されたもので，そのあと，細胞質から液胞に輸送，蓄積されている. したがって，細胞質から細胞外への流出には，まず，液胞から細胞質への輸送が必要になる. その過程の 1 つとして，K$^+$の輸送に，Ca^{2+}に活性化される液胞膜の K$^+$チャネル TPK1（TWO-PORE

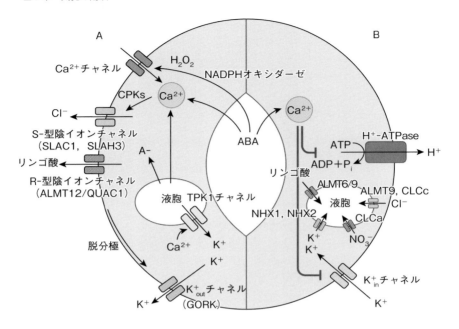

図 5.3　ABA による Ca²⁺を介した気孔閉鎖
A：左側の孔辺細胞には ABA に誘発される気孔閉鎖の過程を示した.
B：右側の孔辺細胞には気孔閉鎖に働く Ca²⁺の H⁺-ATPase と K⁺チャ
ネルの阻害と，気孔開口にともなう液胞におけるイオン輸送（6.4.3
項参照）を示した.（Kim *et al.*, 2010 より改変）

K⁺ CHANNEL 1）が働く（6.4.3 項参照）.

5.2.4　Ca²⁺濃度の上昇機構

　細胞質の Ca²⁺は，どのような機構で上昇するのだろうか？　Ca²⁺の供給
源は，細胞外，あるいは，液胞であろう．外液や液胞の Ca²⁺濃度は細胞質
の約 1 万倍なので，細胞膜，あるいは，液胞膜の Ca²⁺チャネルが開口すれば，
大きな濃度勾配に沿って Ca²⁺が細胞質に流れ込むだろう．予測されたよう
に，ABA は細胞膜の Ca²⁺チャネルを活性化し，Ca²⁺が細胞内に流入した.

　ABA は Ca²⁺チャネルを直接活性化するのではなく，細胞膜 NADPH オ
キシダーゼを活性化することにより H₂O₂を生成し，H₂O₂が細胞膜のチャ

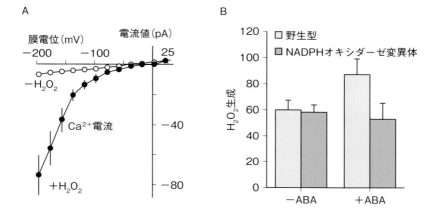

図 5.4 シロイヌナズナ孔辺細胞における H_2O_2 による Ca^{2+} チャネルの活性化と ABA による H_2O_2 生成

A：H_2O_2 による Ca^{2+} チャネルの活性化と細胞内への Ca^{2+} の流入．(Pei *et al.*, 2000 より改変)
B：ABA による NADPH オキシダーゼの活性化．（Kwak *et al.*, 2003 より）

ネルを活性化し，Ca^{2+} 流入を誘発した（図 5.4A）[5-13]．シロイヌナズナの NADPH オキシダーゼの変異体は ABA を加えても H_2O_2 が生成せず（図 5.4B），気孔は閉鎖しなかった[5-14]．したがって，この過程は ABA － NADPH オキシダーゼ － H_2O_2 － Ca^{2+} チャネルの順に反応が進むことになる．液胞から細胞質への Ca^{2+} 流入の例もあるが報告が少ない（図 5.3）．

5.2.5 S- 型陰イオンチャネルの実体は SLAC1

S- 型陰イオンチャネルの活性化には Ca^{2+} が必要で，このチャネルが働かないと気孔は閉じない．しかし，このチャネルの実体は長い間不明であった．気孔を閉鎖しない変異体のなかに，S- 型チャネルの変異体が含まれるだろう．この考えに基づいて，シロイヌナズナの変異体が選抜され，光を消しても（図 5.5A），高濃度の CO_2 を与えても（図 5.5B）気孔を閉じないシロイヌナズナの突然変異体が単離された[5-15, 5-16]．この変異体から，原因遺伝子として S- 型チャネルが同定され，その特質にちなんで，SLOW ANION CHANNEL-ASSOCIATED 1 （SLAC1）と名付けられた．変異体（*slac1*）は陰イオンチャネル活性を欠き，図から明らかなように，野生型では膜電位に応答した大き

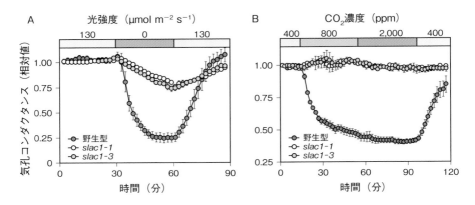

図 5.5　気孔を閉じない変異体 *slac1*
　シロイヌナズナ葉のガス交換を測定した．A：光を消したときの気孔コンダクタンス
の経時変化．B：CO_2 濃度を上昇させたときの気孔コンダクタンスの経時変化．
（Vahisalu *et al.*, 2008 より改変）

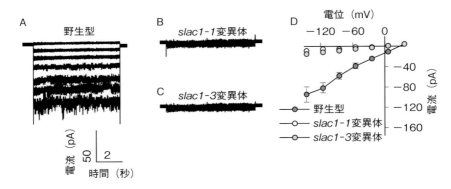

図 5.6　シロイヌナズナ *slac1* 変異体は陰イオンチャネル活性を欠いている
　Ca^{2+} による陰イオンチャネルの活性化を孔辺細胞プロトプラストのホールセルで測
定した．A：野生型のチャネル活性．B，C：変異型のチャネル活性．D：野生型と変
異型の Cl^- 電流の電位依存性．（Vahisalu *et al.*, 2008 より改変）

な電流が見られるのに（図 5.6 A, D），変異体では同様の膜電位を負荷しても，電流は見られなかった（図 5.6 B,C,D）．この変異体では，ABA や Ca^{2+} を添加しても気孔は閉鎖せず[5-16]，このチャネルは気孔閉鎖に必須であった．

SLAC1 が同定されてから 3 年後，SLAC1 のホモログとして，S-型の陰イオンチャネルである SLAH3（SLAC1 homolog 3）が孔辺細胞中に同定された．このチャネルも気孔閉鎖に寄与するとされ，特に，硝酸イオンの透過に関与すると考えられている．

5.2.6 ABA による気孔閉鎖を促進するタンパク質リン酸化酵素

ABA は受容体に感受されたのち，複雑な情報伝達系を通して最終的に SLAC1 を活性化し，気孔閉鎖を誘発する．ABA と SLAC1 の間には受容体をはじめとして多くの情報伝達体が存在し，その 1 つとしてタンパク質リン酸化酵素が見いだされた．この酵素は，最初ソラマメ孔辺細胞に見いだされ，ABA 添加によりリン酸化されることから ABA-ACTIVATED PROTEIN KINASE（AAPK）と名付けられた[5-17]．ソラマメ気孔の右側の孔辺細胞に不活性化した AAPK（AAPK（K43A））を多量に発現させ AAPK 活性を抑えると，ABA による気孔閉鎖がなくなった（図 5.7 右）．このとき，野生型の左側孔辺細胞は膨圧を失い，気孔を半分閉鎖した（図 5.7 左）．AAPK は ABA によ

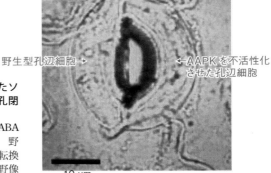

野生型孔辺細胞→　　　←AAPK を不活性化させた孔辺細胞

10 μm

図 5.7　AAPK を不活性化させたソラマメ気孔の ABA による気孔閉鎖の阻害
ソラマメ表皮の気孔を ABA（25 μM）によって処理した．野生型孔辺細胞（左側）と形質転換した孔辺細胞（右側）の明視野像を示した．（Li *et al.*, 2000 より）

る気孔閉鎖に必須の成分である.

　ソラマメの AAPK はシロイヌナズナの SnRK2（SNF1-related protein kinases 2）の相同タンパク質で，このファミリーのサブクラス III（SnRK2.6 または SRK2E）に属していた[5-18, 5-19]．この遺伝子の変異体は，気孔が開いたままになることから，*open stomata1*（*ost1*）と名付けられた．この発見のあと，SnRK2.6/SRK2E/OST1 の機能はシロイヌナズナを対象に解明が進み，気孔閉鎖の促進因子（正の制御因子）であることが確証された．SnRK2.6/SRK2E/OST1 は ABA に応答して SLAC1 をリン酸化により活性化し，変異体（*snrk2.6*, *srk2e* または *ost1*）は，ABA を加えても気孔が閉鎖せず（図 5.8），蒸散によって過剰に水を失い，穏やかな水不足条件でも萎れてしまう[5-18 ～ 5-21] ※1．

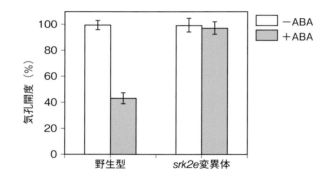

図 5.8　シロイヌナズナの *srk2e* 変異体は ABA で気孔が閉じない
　SnRK2.6 の変異体は，*snrK2.6*, *srk2e*, *ost1* などと表示される．
溶液に浮かべた切り葉に 50 μM の ABA を与えて 1 時間後の 40 ～ 60 個の気孔開度を相対値で示した．（Yoshida *et al.*, 2002 より）

※1　気孔の閉鎖には，このタンパク質リン酸化酵素が中心的役割を果たし，その働きの内容がわかりやすいことから OST1（OPEN STOMATA 1）として使用されることが多い．以下には多く使用される OST1, SnRK2.6, あるいは，OST1/SnRK2.6 と記述する．

5.2.7 ABA による気孔閉鎖を阻害するタンパク質脱リン酸化酵素

ABA による気孔閉鎖のシグナルは，ABA － OST1/SnRK2.6 － SLAC1 の順に流れる．この経路には，OST1 に加えて cladeA に属するタイプ 2C のセリン / スレオニンタンパク質脱リン酸化酵素（protein phosphatase）PP2C が存在していた．PP2C の変異体では ABA を加えても気孔が閉鎖せず[5-22, 5-23]，PP2C は ABA による気孔閉鎖の促進因子と考えられた．PP2C の変異体は，気孔閉鎖の阻害のみならず広範な ABA 応答を失わせることから，*abi1*（*aba insensitive1*）や *abi2* と名付けられた．変異体 *abi1* は ABA 誘導性の H_2O_2 を発生しなかった[5-18]．

上記の *abi1* と *abi2* 変異体は，脱リン酸化活性が ABA に阻害されない優性変異体であるが，PP2C の脱リン酸化活性が失われた変異体（例えば，PP2C のノックアウト変異体）では ABA に対する感受性が増大し，低濃度 ABA によっても気孔が閉鎖するようになった[5-24]．PP2C は気孔閉鎖の阻害因子（負の制御因子）と考えるのが妥当である．

結局，ABA による気孔閉鎖過程で，PP2C は阻害的に，OST1/SnRK2.6 は促進的に作用した．SnRK2 と PP2C はどのような関係にあるのだろうか？

このような背景で，PP2C と SnRK2 は複合体を形成し，PP2C は脱リン酸化により SnRK2 活性を抑え，下流への情報伝達を阻害することが解明された[5-25, 5-26]．ABA － PP2C － SnRK2 － SLAC1 の順に応答が進む．通常と異なるのは，PP2C が阻害されると反応が進むことである[※2]．

これまで述べてきたように，ABA の情報伝達に関与する成分が明らかにされるなかで，多くのアプローチにもかかわらず ABA 受容体は同定されないままであった．しかし，PP2C がこの系の最も上流にあることがヒントになって，ABA 受容体の発見につながった．

※2 これまで，ABA による気孔閉鎖に中心的役割を果たす SnRK2.6 について述べてきた．しかし，ABA は，気孔閉鎖のみならず，種子の休眠，耐乾性，耐凍性，成長抑制，など広範な制御を行っている．これらには，他の SnRK2 や複数の PP2C も関与することから，以下には，SnRK2s や PP2Cs と表記したところがある．

5.2.8　ABA 受容体は PYR/PYL/RCAR

　ABA は気孔閉鎖のみならず耐乾性，耐凍性，成長抑制，病虫害抵抗性，種子の休眠など，植物の生存に必要な様々な応答を広範に制御する植物ホルモンである．しかし，これらの多彩な応答の開始点になる ABA 受容体の正体は長らく不明であり，いくつかの候補が提案されたが，いずれも，これらを十分に説明できるものではなかった．ABA 応答の変異体が数多く選抜され，それぞれの原因遺伝子が解明される中で，ABA 受容体の同定は極めて難航した．

　この状況が一変したのは 2009 年である．PP2C は SnRK2s と複合体を形成し，SnRK2s の上流で情報伝達を阻害した．この事実が受容体発見の糸口になった．機能の関連するタンパク質同士は相互作用することが多く，PP2Cの上流に ABA 受容体の存在が予測された．そこで，PP2C と結合するタンパク質が探索され，機能未知のタンパク質が発見された[5-27]．

　このタンパク質は PP2C（clade A）のみならず ABA とも結合し，ABA の結合によって PP2C 活性を阻害した．PP2C 活性の阻害は SnRK2s を活性化し，気孔閉鎖を促すことになる．また，このタンパク質を過剰発現させると ABA 応答能が増大し，野生型に比べて低濃度の ABA により気孔が閉じた（図5.9）．以上から，この物質は，ABA 受容体であると結論された．ABA の情

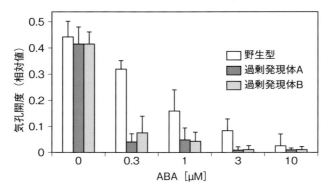

図 5.9　ABA 受容体過剰発現体気孔の ABA 高感受性
（Ma *et al.*, 2009 より改変）

報は，ABA － ABA 受容体－ PP2Cs － SnRK2s － SLAC1 の順に流れることになる（図 5.10）.

時を同じくして，別のグループもピラバクチン（pyrabactin）という発芽を抑制する ABA アゴニストを用いてタンパク質を同定し，このタンパク質が ABA 受容体であることを示した[5-28].　ピラバクチンは，機能の重複する複数の ABA 受容体のなかから一部を選択的に活性化し，特定の応答を引き起こすので，その応答変異の原因遺伝子として ABA 受容体が同定された.

こうして得られたタンパク質は，興味深いことに，14 個の遺伝子ファミリーを構成していた.　類似する機能の遺伝子が 14 個も存在することは，多くの研究者の努力にもかかわらず ABA 受容体が同定できなかった理由を良く説明している.　変異によって，この遺伝子の 1 つ，あるいは，複数が機能を失っても他のファミリーが肩代わりし，変異が表面に現れないからである.　こうして，ABA 受容体は，報告により表記が異なるが，PYRABACTIN RESISTANCE 1（PYR）/ PYR1-LIKE（PYL）/ REGULATORY COMPONENT OF ABA RECEPTOR（RCAR）タンパク質と呼ばれることになった（図 5.10）.

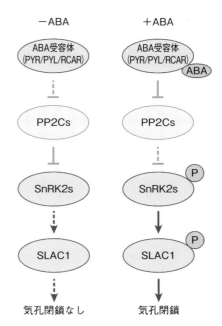

図 5.10　単純化した気孔の ABA 情報伝達の初期過程
ABA 添加によりリン酸化が進み，最終的に SLAC1 がリン酸化され気孔が閉じる.複数のイソ酵素が関与するので，PP2Cs, SnRK2s とした.
（Kim *et al.*, 2010 より改変）

5.2.9　ABA による情報伝達の初期過程

気孔の ABA 情報伝達の初期過程は，ABA 受容体（PYR / PYL / RCAR），PP2C, OST1/SnRK2.6 の 3 成分が含まれ，以下のように進む.　ストレスの

かからない条件では ABA の濃度は低く，OST1 は PP2C に脱リン酸化され，不活性状態にある．植物が土壌水分不足や乾燥に遭遇すると ABA が合成され，孔辺細胞周囲の ABA 濃度が上昇する．ABA が孔辺細胞に取り込まれ受容体に結合すると，生成した ABA 受容体複合体が PP2C 活性を阻害する．その結果，OST1 が活性化され，リン酸化により SLAC1 を活性化し，活性化された SLAC1 がイオンを流出させ，気孔閉鎖を誘発する（図 5.10）．

この発見のあと，直ちに ABA 受容体と PP2C 複合体の結晶構造が解析された．ABA が受容体に結合すると受容体に構造変化が誘発され，露出した Ser 残基が PP2C の触媒部位に結合することにより脱リン酸化活性を阻害し，SnRK2s が活性化された[5-29, 5-30]．

一方，これまでの研究では OST1/SnRK2.6 の活性化は自身のリン酸化活性による自己リン酸化によるものと考えられていた．しかし，OST1 をリン酸化する別のリン酸化酵素の存在が示され，この酵素なしには OST1 活性は上昇せず，情報伝達が起きないことが報告された[5-31]．この成分を加えると，ABA 情報伝達の初期過程は 4 成分からなることになる．

5.2.10　気孔閉鎖における Ca^{2+} 依存と Ca^{2+} 非依存の経路

ここで，図 5.3 と図 5.10 を比べて欲しい．どちらも ABA に活性化された SLAC1 により気孔閉鎖にいたる経路である．前者は Ca^{2+} 依存性，後者は Ca^{2+} 非依存性である．ABA と SLAC1 が働くことが共通点で，両経路の関係は謎が多い．

Ca^{2+} 依存性経路は以下のように進む．ABA が NADPH オキシダーゼにより H_2O_2 を生成し，H_2O_2 が Ca^{2+} チャネルを活性化し，孔辺細胞細胞質の Ca^{2+} の濃度を上昇させ，Ca^{2+} は CPKs を介して SLAC1 の活性化より膜電位を脱分極させる．脱分極は K^+_{out} チャネルの活性化を誘発し，陰・陽両イオンの継続的流出によって，気孔閉鎖に至る（図 5.3）．Ca^{2+} はまた細胞膜 H^+-ATPase や K^+_{in} チャネルを阻害し，気孔閉鎖を支える[5-32]．

Ca^{2+} が気孔閉鎖に重要な役割を果たすことは間違いないだろう．Ca^{2+} を加えると気孔は開口しないし，開いた気孔は閉鎖する[5-7, 5-8]．

Ca^{2+} 非依存性経路は以下のように進む．ABA は受容体に結合し，ABA-

ABA 受容体 － PP2Cs － SnRK2s － SLAC1 の順に情報が伝達し，SLAC1 の活性化による脱分極，K^+_{out} チャネルの活性化，陰・陽両イオンの継続的流出，そして，気孔閉鎖を引き起こす（図 5.10）．OST1/SnRK2.6 や PP2C の突然変異体（PP2C は活性が増大した変異体）に ABA を加えても気孔は閉じず，この経路の存在は明確である．

しかし，2 つの気孔閉鎖機構，Ca^{2+} 依存性経路と非依存性経路の関係は曖昧である．両者を結びつける報告として，OST1/SnRK2.6 が NADPH オキシダーゼをリン酸化により活性化するとする報告や，ABA が SLAC1 や K^+_{in} チャネルの Ca^{2+} 感受性を高めるなどの報告がある [5-33]．しかし，依然として 2 つの経路の関係は，はっきりしていない．

5.3 ABA による気孔閉鎖機構の進化

ABA による気孔閉鎖の機構はどのように進化したのだろうか．植物の陸上進出や生育領域拡大に水ストレス耐性が大きく寄与することから，その中心的役割を担う気孔閉鎖機構の獲得は極めて重要である．2 つの説がある．陸上化への初期段階，コケ植物，あるいは，コケ植物と維管束植物の共通の祖先ですでに備わっていたとする説（A）と，種子植物に至ってはじめて機能するようになったとする説（B）である．両説を紹介しよう．

5.3.1 ABA による気孔閉鎖は初期陸上植物から備わっていたとする説

水辺から乾燥した陸上に進出した段階で，すでに ABA に応答する気孔閉鎖機構が備わっていたとする．コケ植物にイオン輸送体と ABA 情報伝達系はすでに存在しており，新たに備わった気孔がこれらを取り入れ，ABA による気孔の制御が成立したとする．以下の証拠が挙げられる．

ツノゴケ類，蘚類，小葉植物，シダ植物（大葉）の気孔が外から加えた ABA に応答して閉鎖した．このなかで，初期陸上植物に体制の近い現生植物はツノゴケ類と蘚類であり，蘚類ヒメツリガネゴケに焦点が当てられた．

ヒメツリガネゴケの気孔も ABA と CO_2 に応答して閉鎖した [5-34, 5-35]（図 5.11）．また，ヒメツリガネゴケには ABA による気孔閉鎖に働くシロイヌナズナの *OST1* の相同遺伝子 *PpOST1* が存在し，*PpOST1* を欠失させた変

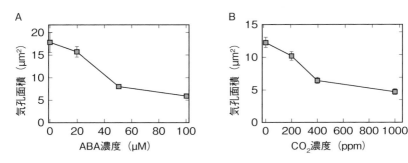

図 5.11　蘚類ヒメツリガネゴケの ABA と CO_2 による気孔閉鎖
A：気孔閉鎖の ABA 濃度依存．B：気孔閉鎖の CO_2 濃度依存．
（Chater *et al.*, 2011 より改変）

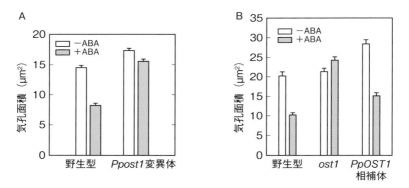

図 5.12　蘚類ヒメツリガネゴケの *OST1* の相同遺伝子（*PpOST1*）の気孔閉鎖への関与
ヒメツリガネゴケの遺伝子 *PpOST1* 遺伝子を欠失させた変異体（*Ppost1*）の ABA（100 μM）
に対する応答．
A：ヒメツリガネゴケに無 CO_2 条件で 100 μM の ABA を与えた．
B：シロイヌナズナの *ost1* 変異体にヒメツリガネゴケの *PpOST1* 遺伝子を導入した．
（Chater *et al.*, 2011 より改変）

異体 *Ppost1* では，気孔の ABA 応答能が低下した（図 5.12A）．次に，*OST1*
遺伝子の欠失により気孔閉鎖能を欠くシロイヌナズナ変異体（*ost1*）に，
PpOST1 遺伝子を発現させると，ABA による気孔閉鎖が回復した[5-34]（図
5.12B）．以上から，蘚類は ABA に応答する気孔閉鎖能を有し，*OST1* は種
を越えて機能しているとする．

ヒメツリガネゴケには，*PpOST1* に加えて気孔閉鎖の核になる成分，ABA 受容体（PYR/PYL/RCAR）と PP2C の遺伝子が発現していた．また，陸上植物の祖先に近いとされる緑藻糸状ホシミドロ属は，ABA 受容体と PP2C の遺伝子を有しており，この属で，すでに ABA 受容機構が獲得されていたと考えた [5-36, 5-37, 5-38]．それに対して，多くの種類の緑藻は ABA 受容体を欠いていた [5-39]．

蘚類に加えてツノゴケ類にも ABA 応答性の気孔閉鎖成分の存在が示され，シロイヌナズナで気孔閉鎖に関与する輸送体，SLAC1，K^+_{out} チャネル，リンゴ酸輸送体，液胞膜 K^+ チャネル，Ca^{2+} チャネル，などの相同遺伝子が発現していた [5-40, 5-41]．

以上から，蘚類やツノゴケ類に体制の近い初期陸上植物，あるいは，コケと維管束植物の共通祖先が気孔を備えた時点で，ABA による閉鎖機構を獲得し，陸上への領域拡大を進めていったとする．

5.3.2 ABA による気孔閉鎖は種子植物から備わったとする説

水不足に応答する気孔閉鎖は，小葉植物やシダ植物から被子植物まで共通である．しかし，ABA に応答する気孔閉鎖は被子植物のみで，裸子植物以下では葉の膨圧低下が孔辺細胞に直接反映され，ABA を介さずに気孔閉鎖が起きるとする [5-42]．ただし，裸子植物ではゆっくり ABA が合成され，気孔閉鎖を引き起こすとする．

ツノゴケ類，蘚類，小葉植物，シダ植物の ABA による気孔閉鎖は，加えた ABA が高濃度で自然条件では起きない人工的なものである，とする．ABA による気孔閉鎖は植物内で作られた内生の ABA によるもので，被子植物以外ではそのような迅速な ABA 合成や濃度増大は起きないとする．以下の証拠がある．

水不足条件で気孔を閉鎖させ，そのあと灌水した．灌水によりシダ植物のワラビや小葉植物のイヌカタヒバは直ちに開口したが，被子植物のエンドウや裸子植物のラジアータマツではほとんど開口しなかった（図 5.13）．エンドウでは ABA が直ちに合成され，その ABA が残存し，気孔開口を妨げたのに対して，ワラビ，イヌカタヒバでは ABA 合成が起こらず，葉の水ポテンシャ

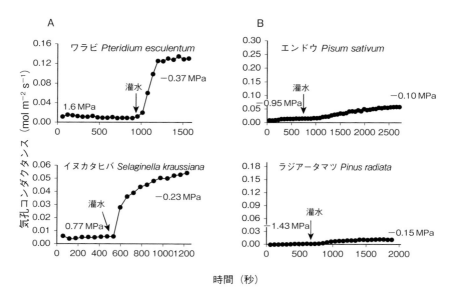

図5.13　水不足により閉鎖した気孔の灌水による回復の植物種による違い
　A：シダ植物と小葉植物．B：被子植物と裸子植物．植物を，気孔が閉じるまで水不足状態に置き，そのあと灌水した．水不足条件に置いた時と灌水したあとでのABA含量は，いずれの植物も大きな変化はなかった．（McAdam & Brodribb, 2012 より改変）

ルに従い直ちに開口したとする [5-43]．裸子植物もこのような長時間の応答ではABAが合成され，その効果が現れたとする．

　次に，気孔開度とABA含量が測定された（図5.14）．空気を乾燥状態にすると植物の種類を問わず気孔が閉じた．被子植物（ヨーロッパナラ，エンドウ）では，ABAが合成され気孔が閉鎖した．裸子植物（カリブマツ，メタセコイア）やシダ植物（ワラビ，ヒトツバ）ではABAの合成がなくても気孔が閉鎖した．もとの湿度にもどすと被子植物以外は直ちに開口したのに，被子植物では開口が遅れ，生合成されたABAの分解にともない開口した（図5.14）．裸子植物ではこの時間内ではABAが合成されなかった．

　上の結果は，被子植物では水分不足時に分単位の迅速なABA合成が進むのに，裸子植物，シダ植物，小葉植物では，そのような速いABA合成は起

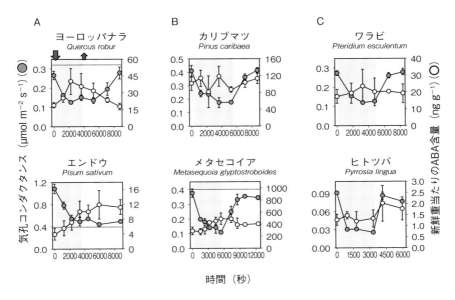

図 5.14　気孔コンダクタンスと ABA 含量の乾燥に対する応答の系統による違い
　A：被子植物．B：裸子植物．C：シダ植物．植物を低湿度状態に置いた後，灌水した際の気孔コンダクタンスと ABA 含量の経時変化を測定した．下向きの矢印が低湿度条件の開始，上向きの矢印がもとの湿度条件に戻したことを示す．
（McAdam & Brodribb, 2015 より）

きないことを示している[5-44, 5-45]．

　化石植物クックソニア，蘚類，ツノゴケ類では気孔は繁殖器官である胞子嚢にのみ存在し[5-46]，いったん開くと閉じない[5-47, 5-48]．一方，ABA 受容体，PP2C，および，SnRK2 は，蘚類や苔類，小葉植物にも存在する．しかし，これらの成分は乾燥耐性や性の分化に寄与し，気孔閉鎖には関与しなかった．これらのことから，初期陸上植物は ABA による気孔閉鎖能を欠いており，後代に備わったとする[5-49]．

　2 つの異なる説を述べてきた．現在でも論争が続いており，決着がつくには今後の研究を待たねばならない[5-50, 5-51]．

5.4　気孔の浸透調節物質と開閉の駆動力の進化

　K^+ がほとんどすべての陸上植物の気孔開閉の浸透調節物質であることは疑いのないことである．小葉植物，シダ植物，裸子植物，被子植物において K^+ の蓄積と気孔開度の相関が報告され，コケ植物，シダ植物，裸子植物にも被子植物と同様の電位依存性の K^+_{in} チャネルの存在が示されている[5-50]．しかし，初期陸上植物に K^+ が働いていたかどうかが確定しているわけではない．初期陸上植物の孔辺細胞に葉緑体が存在することから，デンプンあるいは光合成産物が浸透調節物質を供給するとする説や，気孔の発生過程で細胞壁の厚さや修飾によって，気孔の開口が起きるとする説もある．

　一方，調べられた多くの植物種で，気孔開口が細胞膜 H^+-ATPase に駆動された．細胞膜 H^+-ATPase は系統の異なるすべての植物に発現しており，この酵素を活性化するフジコッキンの添加により，被子植物はもちろん，ツノゴケ類，蘚類，小葉植物，シダ植物の気孔が開口した．細胞膜 H^+-ATPase は，初期陸上植物から受け継がれた気孔開口を駆動する実体であろう[5-52, 5-53]．

　ABA に応答して，シロイヌナズナの気孔を閉鎖させるのは SLAC1 で，SLAC1 は OST1/SnRK2.6 により活性化される．緑藻，ツノゴケ類，蘚類，苔類の OST1 は，シロイヌナズナの SLAC1 を活性化したが，シロイヌナズナの OST1 は，蘚類（ヒメツリガネゴケ）や苔類（ゼニゴケ）の SLAC1 を活性化しなかった[5-52, 5-53]．また，それぞれの種に固有の OST1 と SLAC1 の組み合わせでも，蘚類を除いて SLAC1 は活性化されなかった．加えて，維管束植物である小葉植物（イヌカタヒバ）やシダ植物（ミズワラビ）の OST1 も，自身のもつ SLAC1 を活性化しなかった[5-54]．

　これらのことから，SLAC1 が OST1 に活性化されるには，シロイヌナズナの SLAC1 に備わったリン酸化部位などのエレメントを獲得することと，OST1 と SLAC1 が孔辺細胞に特異的に発現することが必要で，このシステムは，シダ植物から種子植物が分岐したのちに機能するようになったと考えられる[5-52, 5-53]．

6章 気孔の CO₂ に対する応答

　有史以来，地上の CO_2 濃度は 280 ppm 前後で推移してきた．産業革命以降徐々に上昇し，現在では 415 ppm を越えつつある．多くの植物が光合成を律速する低濃度 CO_2 で気孔を開口し，高濃度では閉じる．CO_2 に対する気孔応答の研究が進み始めたのは最近になってからである．植物がどのように CO_2 を感知し，その情報をどのように変換・伝達するかについて概要を述べよう．また，気孔開閉に寄与する細胞小器官や細胞骨格の役割についても見ていこう．

6.1　CO_2 による気孔閉鎖

　高濃度 CO_2 により気孔は閉鎖する．夜の気孔閉鎖は，光による気孔開口

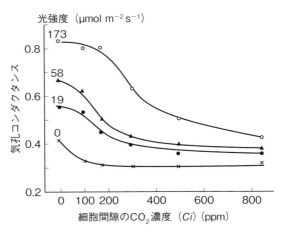

図 6.1　異なる光強度下における CO_2 による気孔閉鎖
　コムギ葉の気孔は，光強度に応じて開口し，CO_2 濃度の上昇に従い閉鎖した．CO_2 濃度が低下すると，暗中でも気孔は開口した．(Zeiger *et al.*, 1987 より改変)

の働きがとまり，光合成の停止と呼吸によって細胞間隙の CO_2 濃度（Ci）が上昇するからである．光のある環境でも Ci の上昇にともない気孔は閉鎖する [6-1]（図6.1）．この気孔閉鎖は，CO_2 の受容にはじまり，CO_2 情報の変換，伝達，孔辺細胞からの陰・陽両イオンの流出により引き起こされる．この過程は急速に解明されつつあり，下流では ABA による気孔閉鎖と共通の機構が働くことがわかっている．はじめに，これまでに解明された CO_2 情報伝達経路の概要と構成成分を示しておくので，これを参照しながら理解を進めて頂きたい（図6.2）．

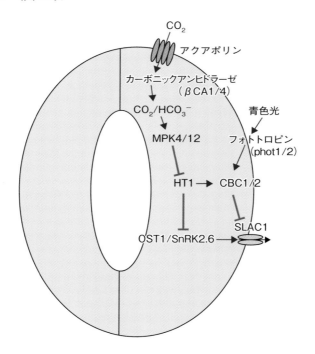

図6.2　高濃度 CO_2 による気孔閉鎖と情報伝達の概要
βCA: β-CARBONIC ANHYDRASE, CBC: CONVERGENCE OF
BLUE LIGHT AND CO_2, HT: HIGH LEAF TEMPERATURE,
MPK : MITOGEN-ACTIVATED PROTEIN KINASE. （Zhang
et al., 2018 より改変）

最初に同定された CO_2 情報伝達の成分は，タンパク質リン酸化酵素 HIGH LEAF TEMPERATURE 1（HT1）である．この酵素の突然変異体は蒸散が起きず高い葉温を示すことから *ht1* と命名され，変異体 *ht1*（*ht1-1*, *ht1-2*）は低濃度 CO_2 条件でも，気孔を閉鎖したままであった[6-2]（図 6.3A）．一方，同じ遺伝子の別のミスセンス変異体 *ht1-3* は，高濃度 CO_2 条件でも気孔は開いたままという，対照的な応答を示した[6-3]（図 6.3B）．いずれも CO_2 に不感受性という点で共通し，HT1 は CO_2 応答に必須の成分である．HT1 は SLAC1 の活性化を阻害し，気孔閉鎖を抑制することから，CO_2 による気孔閉鎖の負の制御因子とされた[6-4]（気孔開口の正の制御因子とも言える）（図 6.2）．

A　気孔の閉じた変異体

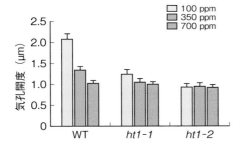

B　気孔の開いた変異体

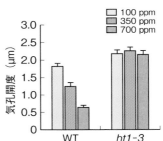

図 6.3　シロイヌナズナの CO_2 応答変異体 *ht1* の対照的な表現型
A：変異体 *ht1-1* と *ht1-2* の CO_2 に対する応答．低濃度 CO_2 条件で，*ht1-1* ではわずかに気孔が開き，*ht1-2* では全く開口しなかった．（Hashimoto *et al.*, 2006 より）
B：変異体 *ht1-3* の CO_2 に対する応答．高濃度 CO_2 条件でも，気孔は全く閉じなかった．（Hashimoto-Sugimoto *et al.*, 2016 より）

　気孔閉鎖には CO_2 が水に溶けて生じる HCO_3^- が働く．しかし，水中の CO_2 からの HCO_3^- 生成は極めて遅い．気孔閉鎖が進むのは，CO_2 から HCO_3^- を迅速に生成する β カーボニックアンヒドラーゼ（β CA1, β CA4）が働くからである．この酵素の活性を欠く二重変異体 *ca1 ca4* は，高濃度 CO_2 でも気孔が閉鎖しないことから[6-5]（図 6.4A），β CA1 と β CA4 は気孔閉鎖の正の制御因子である．また，β CA1, β CA4, HT1 の三重変異体 *ca1*

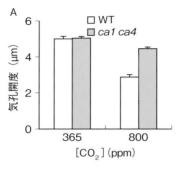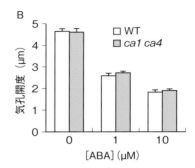

図 6.4　高濃度 CO₂ で気孔が閉鎖しないシロイヌナズナの二重変異体 *ca1 ca4*
A：二重変異体 *ca1 ca4* の剥離表皮気孔の CO₂ に対する応答.
B：二重変異体 *ca1 ca4* の剥離表皮気孔の ABA に対する応答.
（Hu *et al.*, 2010 より）

ca4 ht1-2 は *ht1-2* と同じ表現型を示すことから，βCA1 や βCA4 と HT1 は同じ経路にあることになる（図 6.2）．さらに，βCA1 と βCA4 は CO₂ と直接反応するので，HT1 の上流にあるだろう．*ca1 ca4* 二重変異体では，ABA に応答して気孔が閉鎖した（図 6.4B）.

　βCA1 と βCA4 は，CO₂ の情報伝達系の最も上流に位置することから，下流の HT1 とのあいだをつなぐ成分が存在するはずである．MITOGEN-ACTIVATED PROTEIN KINASE（MPK）型タンパク質リン酸化酵素 MPK12 と MPK4 がその成分であることがわかった．CO₂ の濃度を上げると，野生型では気孔が閉鎖するのに，MPK12 の変異体 *mpk12* は閉鎖が遅くなり，MPK12 と MPK4 の二重変異体 *mpk12 mpk4GC*（孔辺細胞特異的に *MPK4* を発現抑制した）では閉鎖しなかった[6-6)]（図 6.5）．また，*mpk12 mpk4GC* 二重変異体では，高濃度 CO₂ 条件でも SLAC1 は活性化されなかった．さらに，MPK4 と MPK12 は HT1 活性を阻害し，HT1 に阻害されていた OST1/SnRK2.6 の活性を回復させ，SLAC1 を活性化することから[6-4)]，CO₂ の情報は MPKs，HT1，SLAC1 の順に伝達されることになる（図 6.2）.

　CBCs は青色光に応答して，陰イオンチャネルを阻害することを前に述べた．加えて，CBCs は CO₂ にも応答した．低濃度 CO₂ の条件で野生型は大きく開口するのに，変異体 *cbc1* と *cbc2* の気孔はその半分しか開口せず（図

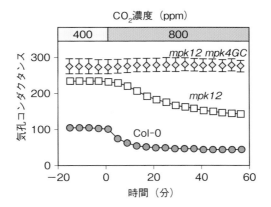

図6.5 *mpk12*と*mpk4*変異体のCO_2濃度上昇に対する気孔の応答

CO_2濃度を400 ppmから800 ppmに上昇させたときの、シロイヌナズナ葉の気孔コンダクタンスを測定した。野生型Col-0の気孔閉鎖に比べて、変異体*mpk12*はゆっくり閉鎖し、二重変異体*mpk12 mpk4GC*は全く閉鎖しなかった。GCはguard cellの略で、孔辺細胞特異的に*MPK4*の発現を抑制した。(Toldsepp *et al.*, 2018より)

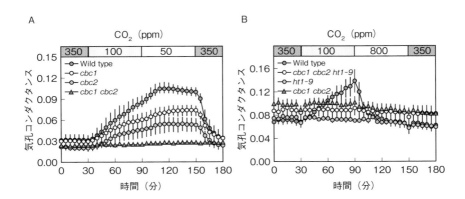

図6.6 シロイヌナズナの*cbc*変異体のCO_2に対する気孔の応答

A：CO_2濃度を低下させたときの*cbc*変異体の気孔応答。
B：CO_2濃度を増減させたときの*cbc*変異体と*ht1-9*変異体の気孔応答。
(Hiyama *et al.*, 2017より)

6.6A），二重変異体 *cbc1 cbc2* の気孔は開口しなかった（図 6.6）．また，*cbc1 cbc2* は *ht1-9*（*ht1-2* と同じ表現型）と同じ表現型を示すことから，CBCs と HT1 は同じ経路にあると考えられる（図 6.6B）．CBC1 は HT1 にリン酸化されたので，HT1 の下流にあるだろう（図 6.2）．CBCs は青色光と CO_2 の両方からのシグナルを受容し，CO_2 と青色光情報の収斂点になっている[6-7]（4.3.8 項参照）．CBCs は陰イオンチャネルの活性化を阻害するので，CO_2 による気孔閉鎖の負の制御因子である．

　以上をふまえて CO_2 による気孔開閉を整理しよう（図 6.2）．CO_2 は細胞膜のアクアポリン（PIP2）を通して孔辺細胞内にはいる[6-8, 6-9]．進入した CO_2 は β カーボニックアンヒドラーゼの触媒により HCO_3^- を生成し，MPK4 と MPK12 を介して HT1 の阻害を引き起こす[6-4]．HT1 の阻害は，OST1 の活性化と CBCs の不活性化をもたらし，活性化された OST1 は SLAC1 を活性化し，気孔を閉鎖させる．一方，低濃度 CO_2 条件では，HCO_3^- の生成が少なく MPK4 と MPK12 に阻害されていた HT1 の活性が回復し，HT1 は OST1 の阻害と CBCs の活性化を誘発し，SLAC1 の阻害によって気孔開口が促進される[6-7, 6-10]．

　それでは CO_2 応答の初発を担う CO_2 / HCO_3^- の受容体は何であろうか？下流の情報伝達体が次々と同定されるなかで，CO_2 受容体は，長い間，解明されなかった．この受容体は HCO_3^- を生成する β CA1 / 4 と MPK4 / 12 の間にあることが推定される（図 6.2）．しかし，そのような従来型の受容体は発見されず，受容の仕組みと呼ぶべき機構が解明された．それは，HCO_3^- が MPK4 / 12 と HT1 のつなぎ役として複合体を形成させ，その複合体が気孔閉鎖を誘発するというものである[6-11]（図 6.7）．つまり，HCO_3^- に依存する複合体形成そのものが受容に相当し，感知器として働くことになる．複合体は，HT1 の阻害，それに続く CBC1 の不活性化により，SLAC1 を中心とする閉鎖機構を作動させて気孔を閉鎖させる．一方，HCO_3^- がないと複合体は解離し，HT1 と CBC1 が活性化され，気孔閉鎖の阻害により開口を促す（図 6.7）．ただし，用いられた HCO_3^- は生理学的濃度より高濃度であったので，それを満たす何らかの機構があるかも知れない．また，この反応には

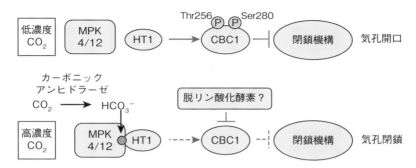

図 6.7 気孔の CO_2 感知機構のモデル
低濃度 CO_2 では，MPK4/12 と HT1 が解離し，活性化された HT1 が CBC1 の Thr 256 と Ser 280 をリン酸化し，閉鎖機構を抑える．高濃度 CO_2 では，MPK4/12 は HT1 と結合し，HT1，CBC1 をともに不活性化し，閉鎖機構が活性化される．MPK：MITOGEN-ACTIVATED PROTEIN KINASE．HT1：HIGH LEAF TEMPERATURE 1．CBC1：CONVERGENCE OF BLUE LIGHT AND CO_2 1．(Takahashi *et al.*, 2022 より改変)

MPK4/12 のリン酸化活性は必要とされなかった．

　これまで，CO_2 による気孔閉鎖を，CO_2 の受容から陰イオンチャネルの活性化までの過程について述べてきた（5.1 節参照）．しかし，陰イオンチャネルの活性化だけでは気孔閉鎖には不十分で，細胞膜 H^+-ATPase の制御が必要である．例えば，細胞膜 H^+-ATPase の活性が高いままに維持された変異体では，最も強力な気孔閉鎖剤である ABA を加えても気孔は閉じない[6-12]．気孔閉鎖には，細胞膜 H^+-ATPase 活性の抑制が必要である．

　このことに一致して，高濃度 CO_2 は H^+-ATPase を迅速に不活性化すること，その不活性化は H^+-ATPase の C 末端スレオニンの脱リン酸化によるものであることがわかった[6-13]．こうして，Ci の上昇により，陰イオンチャネルの活性化と H^+-ATPase の不活性化が同時に起きることになる．H^+-ATPase の脱リン酸化はタイプ 2C のタンパク質脱リン酸化酵素（PP2C.D6 と PP2C.D9）に触媒され，この酵素の二重変異体（*pp2c.d6/9*）は気孔閉鎖が遅くなった．また，この応答にも HCO_3^- が関与するが，MPK4 や MPK12，HT1，CBCs とは別の経路であった．

　一方，β カーボニックアンヒドラーゼ，MPKs，HT1，CBCs の変異体は

いずれも CO_2 に応答しないが，これらのすべてが ABA に応答して気孔を閉鎖した．例えば，*ca1 ca4* 二重変異体の ABA による気孔閉鎖がその例である[6-5]（図 6.4B）．つまり，CO_2 の情報伝達と ABA の情報伝達は上流では個別の経路を構成しており，下流の OST1 と SLAC1 は共通であるらしい[6-14]．ただ，CO_2 による気孔閉鎖が OST1 を介さないとする報告もあり，SLAC1 のみが共通かもしれない．

　これまで述べてきた被子植物の気孔の CO_2 応答に関与する情報伝達成分は，初期陸上植物では，ほとんど解明されていない．例えば，MPK12，HT1，CBC1，OST1 などは，シロイヌナズナでは孔辺細胞に選択的に発現しているのに，ヒメツリガネゴケには，これらのホモログが存在するものの，いずれも孔辺細胞における選択的発現は認められなかった[6-15]．おそらく，CO_2 の情報伝達成分のいずれもが，コケ植物と維管束植物の分岐後に，孔辺細胞への選択的発現と孔辺細胞に特異的な機能が進化したと考えられる．CO_2 応答能は植物の種類や系統により異なっており，低濃度 CO_2 に対して被子植物は暗中でも気孔が開口するのに，裸子植物，シダ植物，小葉植物では開口しなかった[6-16, 6-17]．

6.2　気孔開口と閉鎖の相互作用

　これまで見てきたように，気孔開口には閉鎖の抑制が必要である．逆に，閉鎖には開口の抑制が必須である．開口と閉鎖の機構は，受容した情報に応じて孔辺細胞内で相互作用し，適切な気孔応答を生み出している．

　土壌水分が不足し枯死の危険がある状況では，気孔閉鎖が最優先される．ABA は気孔閉鎖の促進と並行して，多様な物質と異なる作用点を通して気孔開口を阻害することにより，気孔閉鎖を確実なものにしている[6-18]．例えば，ABA は，H_2O_2，フォスファチジン酸，NO を生成し，青色光情報伝達の阻害により細胞膜 H^+-ATPase の活性化を抑え，同時に，細胞質の Ca^{2+} 濃度を上昇させ，細胞膜 H^+-ATPase や K^+_{in} チャネルを阻害した．さらに，ABA は K^+_{in} チャネルの遺伝子発現をも阻害した[6-19]．こうして，気孔閉鎖を促進するだけでなく，開口を阻害することにより，ABA は植物を枯死から守っ

ている．一方，気孔開口には閉鎖の抑制が必要である．青色光は CBCs を通して SLAC1 を阻害し，開口をサポートする[6-7]．

6.3　CO_2 による気孔密度の制御

大気の CO_2 濃度の変遷にともない葉面の気孔密度が変動する[6-20]．CO_2 濃度が高いと気孔の数は減り，低いと増加する．大気の CO_2 濃度が現在より 10 倍以上高かった時代の初期陸上植物の気孔密度は極めて低く，濃度が低下した石炭紀には急激に上昇していた．植物は CO_2 を感受し，気孔の数を制御する機構を発達させてきた．気孔の数を増加させるペプチドホルモンストマジェンや，減少させるペプチドホルモン EPF2 などが発見され，気孔の形成と密度の制御機構の解明が進んでいる（7.1 節参照）[6-21, 6-22]．

6.4　気孔応答と細胞小器官

以下の項で述べることは，CO_2 に対する気孔の応答とは直接の関連はない．しかし，CO_2 固定を行う葉緑体をはじめ，孔辺細胞に見られる細胞小器官や細胞骨格の働きについてもここでまとめる．

気孔の開閉には，光や植物ホルモンの受容体，受容した情報を膜輸送タンパク質に伝える情報伝達体，イオンを輸送する膜輸送体，などが関与している．これらのタンパク質成分が働き，反応が円滑に進むには，ATP の化学エネルギー，物質代謝，イオンを蓄積する機能が必要で，葉緑体，ミトコンドリア，液胞，などの細胞小器官の貢献が大きい．さらに，孔辺細胞の一定方向への膨張・変形はセルロース微繊維に規定され，セルロース微繊維の配置は表層微小管に制御されている．これらの細胞小器官や細胞骨格は，孔辺細胞の働きに特化した役割を担っており，それぞれの働きが統合されて，気孔開閉を生み出している．

シロイヌナズナ孔辺細胞の電子顕微鏡像を示そう．孔辺細胞は，葉緑体，ミトコンドリア，核など，葉肉細胞とほとんど同じ構成である[6-23]（図 6.8A）．ただ，他の植物細胞に比べて細胞に占める液胞の割合が小さく，葉肉細胞に比べて葉緑体が小型で，デンプンを多く含むこと，ミトコンドリアの数が多

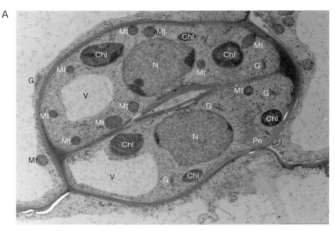

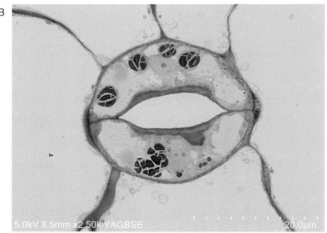

図 6.8　シロイヌナズナの気孔断面の電子顕微鏡像
　A：核（N），液胞（V），葉緑体（Chl），ミトコンドリア（Mt），
　ペルオキシソーム（Pe），ゴルジ体（G）が見える．
　B：黒くみえるのは葉緑体中のデンプンである．
　（写真提供：理化学研究所，若崎眞由美・佐藤繭子・豊岡公徳）

いこと，トリアシルグリセロールを含む油滴が見られること，などの特徴がある．孔辺細胞葉緑体にはデンプンが詰まっていることが多く，デンプンの含量や液胞の大きさは条件により大きく変動する（図6.8B）．

6.4.1　葉緑体

多くの植物種で，表皮組織の表皮細胞には発達した葉緑体は存在せず，孔辺細胞にのみ葉緑体がある[6-1]．観葉植物として知られるランの一群パフィオペディラムは，例外的に孔辺細胞に葉緑体を欠いている．この植物は，近縁のランで孔辺細胞に葉緑体をもつフラグミペディウムに比べて，気孔の開口が遅い[6-24]．また，薄嚢シダの孔辺細胞には，葉緑体がぎっしり詰まっており，光合成電子伝達反応が気孔開口に必須であった[6-16]．これらのことから，孔辺細胞葉緑体は気孔開口に重要な働きをもつと考えられているが，今なお，その役割は明確ではない．ここでは，被子植物の孔辺細胞葉緑体の知見を中心に述べよう．

孔辺細胞葉緑体は葉肉細胞のものに比べて小型で，チラコイド膜も未発達で，グラナスタッキングも少なめである．光化学系 I, II ともに存在し，光合成電子伝達反応により ATP と NADPH を生成する．カルビン回路の酵素も備わっており，炭酸固定が進み，デンプンを合成する．ただ，孔辺細胞葉緑体では ATP や NADPH を細胞質に輸送するシャトル活性が高いのに比べて，炭酸固定の鍵になる Rubisco の活性は低いとされ[6-25]，ATP と NADPH の一部は，細胞質に輸出され，細胞膜 H^+-ATPase やリンゴ酸生成に利用され，気孔開口に役立つとされる[6-26, 6-27]．

孔辺細胞葉緑体の特徴的な働きは，転流産物を受け取り，デンプンとして貯蔵することである（図6.8B）．葉肉細胞葉緑体では，日中にデンプンが合成され，夜間に分解されて他の組織や若葉などに転流されることから，日中にデンプンが増加し，夜間に減少する．それに対して，孔辺細胞葉緑体では，夜間にデンプンが増加し，日が昇ると短時間で分解され，葉肉細胞とは逆向きの変動を示した[6-1]．シロイヌナズナでは，デンプンは β-amylase1（BAM1）と α-amylase3（AMY3）に分解され，分解開始のシグナルは青色光による細胞膜 H^+-ATPase の活性化であった．分解産物はリンゴ酸の材料になる．

前に述べたように，細胞膜 NADPH オキシダーゼが生成する H_2O_2 は気孔を閉鎖させる[6-29]（5.2.4 項参照）．H_2O_2 は葉緑体の光照射によっても生じるので，孔辺細胞葉緑体由来の H_2O_2 が気孔を閉鎖させる可能性がある．このことと一致して，光条件で ABA を添加すると孔辺細胞葉緑体の H_2O_2 生成が増大し，気孔が閉鎖し，H_2O_2 生成を光合成電子伝達阻害剤 DCMU により阻害すると，気孔閉鎖も抑制された[6-30, 6-31]．気孔閉鎖は，蒸散が盛んで水消費の激しい日中に必要となり，ABA が孔辺細胞葉緑体の発生する H_2O_2 を増産し，気孔閉鎖に利用することは理にかなっている．

6.4.2　ミトコンドリア

葉肉細胞には葉緑体とミトコンドリアがほぼ同数存在するのに，孔辺細胞では葉緑体の数はミトコンドリアの 10 〜 25％で，酸化的リン酸化により生成する ATP の気孔開閉への寄与が大きい（図 6.8A）．ミトコンドリアのATP 生成を阻害すると，青色光によるプロトン放出が抑えられた[6-32]．孔辺細胞はミトコンドリアのエネルギー源となるグルコースやショ糖を葉肉細胞から転流を介して受け取っており，葉肉細胞が同化的であるのに孔辺細胞は異化的性質が強い．

6.4.3　液　胞

気孔開口時には，K^+ や Cl^-，NO_3^- などのイオンは細胞外から取り込まれ，リンゴ酸などの有機酸は合成され，細胞質から液胞に輸送，蓄積される．気孔閉鎖時には，これらのイオンは液胞から細胞質に移送され，ついで，細胞外に流出するか，代謝される．

多くの植物細胞の液胞は細胞体積の多くを占め，イオンや代謝産物の蓄積，細胞質の pH 調節に寄与している．それに対して，孔辺細胞の液胞は，細胞に占める体積が小さく（図 6.8），開口時に大量のイオンを蓄積し，閉鎖時に大量のイオンを流出する過程を繰り返し，そのつど形も体積も大きく変化する[6-1, 6-33, 6-34]．気孔閉鎖時には，小さく分かれた小胞構造から，開口時には大きな一つの液胞，あるいは，少数の液胞になると言われる．ツユクサの孔辺細胞では，液胞が閉鎖時の体積 2.5 pL から開口時には 6 pL になった[6-1]．ソラマメの孔辺細胞では，開口時には細胞膜に張り付くように大きなかたまり

として存在していた液胞が，閉鎖時には体積が減少し，多くの陥入を生じ，小胞化した．これらの変化は可逆的で，細胞膜の伸展と陥入が，それぞれ，気孔の開・閉に対応している[6-35]（4.1節参照）．

液胞は，通常，液胞内が酸性で細胞質に対してプラスの膜電位を維持している．これは，液胞膜の H^+-ATPase と H^+-ピロフォスファターゼが，液胞内に H^+ を能動輸送して形成されたものである．気孔開口時には，この H^+ 勾配を利用して，H^+/K^+ 対向輸送体である NHX1 と NHX2 が細胞質から K^+ を取り込み（図5.3参照），二重変異体 *nhx1 nhx2* は K^+ を取り込めず気孔開口は進まない[6-36]．ALMT9（ALUMINUM-ACTIVATED MALATE TRANSPORTER 9）と塩化物輸送チャネル CLCc（CHLORIDE CHANNEL C）が Cl^- を，CLCa が NO_3^- を，リンゴ酸輸送体 ALMT6 と ALMT9 がリンゴ酸を，取り込む[6-37]．

気孔閉鎖時には，Ca^{2+} に活性化される液胞膜 K^+ チャネル TWO-PORE K^+（TPK）1 チャネルが K^+ を流出させ[6-18]（図5.3），CLCa が NO_3^- の流出に働く．

6.4.4　細胞骨格

セルロース微繊維は，腎臓型孔辺細胞にタガのように巻き付いており，気孔の中心から放射状になっている（4.1節，図4.1）．孔辺細胞は，このタガと直角方向に膨張し，薄くて柔らかい背側壁が伸びてアコーディオンのように変形し，厚くて硬い腹側壁が両側に引っ張られて気孔が開く．セルロース微繊維は，細胞膜の内側に張り付いている表層微小管（cortical microtubules）に配置を制御され，気孔開閉を規定している[6-38]．この表層微小管が，ABA や青色光に応答して構造を変化させ，気孔開閉を制御することがわかってきた．

光条件では，表層微小管は気孔の中心から放射状の長い束になり，気孔は開口した[6-39]．表層微小管の構造が分解，断片化すると，気孔は閉鎖した．OST1 は，ABA の情報伝達に最も重要な役割を果たすタンパク質リン酸化酵素で，気孔閉鎖を正に制御することはすでに述べた（5章）．この OST1 が ABA に応答して表層微小管の分解，断片化を仲介した[6-40]．

分解の鍵になるタンパク質，SPIRAL1（SPR1）が，微小管に結合するタ

ンパク質（MAPs: MICROTUBULE-ASSOCIATED PROTEINS）として同定
された．SPR1は，ABA添加によってOST1の基質としてリン酸化され，表
層微小管から解離し，微小管の分解を進め，気孔閉鎖を促した．SPR1の変
異体（*spr1-6*）では，ABAを加えても表層微小管は束状の構造を保っており，
気孔閉鎖が抑えられた[6-40]．OST1は，ABAに応答して陰イオンチャネルを
活性化することから（5章），陰イオンチャネルの活性化と表層微小管の分
解が協調して，気孔閉鎖を促すことになる．

　一方，表層微小管が断片化した孔辺細胞に光を照射すると，直線状の長い
束になり気孔開口をうながした．この構築には赤色光は効果がなく青色光が
有効で，フォトトロピンの制御下にあると考えられる[6-39]．フォトトロピン
による細胞膜H⁺-ATPaseの活性化と表層微小管の構築が協調して，気孔開
口を円滑に進めることになる．

　表層微小管は，ABAとフォトトロピンから，それぞれ，分解と構築の相
反するシグナルを受け取り，気孔開閉を調節することになる．また，表層微
小管の構築と分解は，光や植物ホルモンに加えて，概日リズムにも制御され
ている[6-41]．こうして，孔辺細胞の細胞小器官や細胞骨格，環境情報の受容
体と伝達体，イオン輸送体など，多くの成分が緊密に連携して，毎日の気孔
開閉に寄与している．

7章 気孔の形成と進化型気孔の イオン輸送

　気孔は隣接することはなく，必ず表皮細胞（敷石細胞）があいだに挟まる．葉面全体にわたる気孔の散在は，CO_2を葉肉細胞に迅速に供給し，水とミネラルを葉のすみずみまで届けるのに適した配置である．このような気孔の形成や配置が，どのように起きるのか概要を述べよう．イネ科に見られる亜鈴型孔辺細胞の気孔は最も進化したもので，構造とイオン輸送の機構が腎臓型孔辺細胞の気孔に比べて格段に進化している．気孔の形成機構とイネ型気孔のイオン輸送の特質，イネ型気孔を有する穀物の特徴を取り上げる．

7.1　気孔の形成機構

　気孔は隣接して存在することはなく，必ず最低1個の表皮細胞（敷石細胞）があいだに挟まる．また，初期の陸上植物，コケ植物，小葉植物，シダ植物，裸子植物，被子植物（双子葉，単子葉）のすべてで，気孔は1対の孔辺細胞によって囲まれる．例外がある．蘚類のヒョウタンゴケ，スギゴケ，ヒメツリガネゴケなどでは，気孔は1個の孔辺細胞で形成されドーナツ状になる [7-1]（図3.17）．これは，多くの植物と異なり，細胞質分裂が不完全であるためと考えられる [7-2]．

　シロイヌナズナの気孔の形成機構を概説する [7-3]．ついで，腎臓型孔辺細胞のシロイヌナズナと，亜鈴型孔辺細胞のイネ科の気孔形成過程を比較しよう．

　多くのアブラナ科植物に見られるように，シロイヌナズナの孔辺細胞は原表皮細胞（protodermal cell）に由来する．原表皮細胞から，メリステモイド母細胞に分化したのち，孔辺細胞と敷石細胞を，あるいは，直接，敷石細胞を生じる2つの経路がある（図7.1）．孔辺細胞の系譜は，原表皮細胞から生じたメリステモイド母細胞が非対称分裂を数回繰り返し，大きな気孔系譜

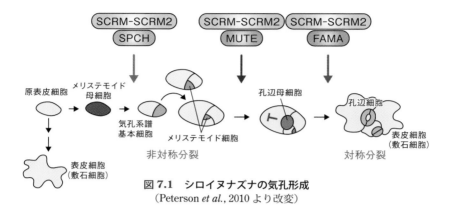

図7.1　シロイヌナズナの気孔形成
(Peterson *et al.*, 2010 より改変)

基本細胞と，孔辺細胞の前駆細胞となる三角形の小さなメリステモイド細胞を生じる（①）．その過程でメリステモイド細胞は円形の孔辺母細胞（guard mother cell）に変換する（②）．ついで，孔辺母細胞は対称分裂を行い1対の孔辺細胞と不定形の表皮細胞（敷石細胞）（pavement cell）を生じ（③），厚い細胞壁と葉緑体を成熟させ気孔が形成される.

　気孔を生じる経路はメリステモイド細胞の非対称分裂をともなうが，この分裂は表皮細胞を挟んでしか起こらず，気孔が隣接して形成されることはない[7-4]．気孔が隣接すると孔辺細胞同士が K^+ と水を取り合い，開口できないだろう.

　気孔の形成には2つのクラスのbHLH（basic-helix-loop-helix）型転写因子が関わり，遺伝的制御を受ける．1つのクラスは互いにパラログ（遺伝子重複によって生じた複数の遺伝子．一般に機能や構造が異なるタンパク質をコードする）である3つのbHLH型転写因子, SPCH（SPEECHLESS：無口），MUTE（無言），FAMAで，これらが気孔分化の各段階をこの順番で制御している（図7.1）．SPCHは原表皮細胞が気孔形成に至る最初の非対称分裂を制御し，この因子が機能しないと表皮細胞のみになる．MUTEはメリステモイド細胞が非対称分裂する能力を停止させ，孔辺母細胞へ転移させる．MUTEが働かないと非対称分裂を繰り返したのち発生を停止し，気孔はできない．最終段階としてFAMAは孔辺母細胞の対称分裂を1回だけに制限し，

孔辺細胞への転移を誘導する．FAMA の機能が欠失すると，孔辺母細胞は対称分裂を繰り返し，やはり気孔はできない．これらの転写因子の名称は，気孔（stomata）がギリシャ語の"口"に由来し，形が口に似ていることから，これらの遺伝子が変異して口ができず話せないものは"無口"や"無言"，"口"のたくさんできるものは"叫び"などと名付けられた．

　これら3つの転写因子は，2つ目のクラスの bHLH 型転写因子で，互いにパラログの関係にある SCRM（SCREAM：叫び）と SCRM2 により制御されている[7-3, 7-4]．SCRM と SCRM2 はヘテロダイマー（SCRM-SCRM2）を形成し，これが SPCH と MUTE，FAMA の3つの転写因子それぞれと相互作用する．この相互作用によって，細胞は上に述べた3つの転移過程のなかで，SPCH は①を，MUTE は②を，FAMA は③を，それぞれ進行させる（図7.1）．これに加えて，MAPK カスケードが転写因子の働きを厳密に制御する．SPCH が MAPK カスケードによりリン酸化されると，SPCH の働きが阻害され，原表皮細胞から気孔系譜基本細胞への分化が抑制され，気孔が形成されなくなる（図7.1）．*SCRM* 遺伝子が過剰に働くと，表皮細胞のすべてが孔辺細胞になり気孔を形成し，*scrm scrm2* 二重変異体では表皮細胞ばかりになる．

　気孔は，"one-cell spacing rule"に定義されるように，隣接することはない．必ずあいだに表皮細胞が挟まる．この過程には LRR（leucine-rich repeat）型の受容体型キナーゼが関与し，受容体 TMM（TOO MANY MOUTH）が気孔の密度を制御する．*TMM* が変異すると（*tmm* 変異体）気孔は寄り集まってクラスター状になる[7-5]（図7.2）．写真に見られる丸い粒子は葉緑体である．

　受容体型キナーゼは，リガンドが結合する細胞外ドメインと細胞内にシグナルを伝える細胞内キナーゼドメインからなり，リガンドとして EPF2（EPIDERMAL PATTERNING FACTOR2）といわれるペプチドホルモンが知られている．EPF2 はメリステモイド母細胞やメリステモイド細胞から分泌され，受容体型キナーゼ ELECTA に受容され，メリステモイド細胞への分化を抑え，気孔の数と密度を調節している．EPF2 と構造が類似するストマジェン（stomagen）は，気孔の数を増やす働きがあり[7-6]，EPF2 と競合的に ELECTA に結合し，気孔密度を制御している[7-7]．

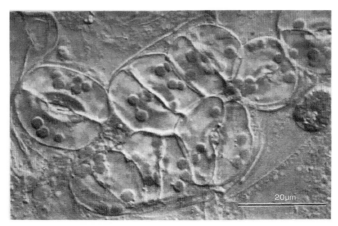

図7.2　*tmm* 変異体のクラスター状の気孔
シロイヌナズナ表皮の気孔を微分干渉顕微鏡で観察した．クラ
スターは複数の気孔を含んでいた．（Yang & Sack, 1995 より）

　一方，イネ科に代表される亜鈴型孔辺細胞をもつ気孔は，双子葉植物と異な
り，平行する葉脈にそって一定間隔を置き一列に配列する．この型の気孔
は以下のように形成される（図7.3）[7-8]．葉脈で仕切られた細胞列のなかで，
一定の間隔をおいて原表皮細胞が規則的に並び，気孔系譜基本細胞ができる．
この列だけが気孔を形成する（1）．原表皮細胞が葉の長軸と垂直に非対称分
裂を起こし，孔辺母細胞を生じる．ついで，孔辺母細胞の両側の表皮細胞が
副母細胞（subsidiary mother cells）に分化する．このとき OsMUTE が働く
（2）．副母細胞が孔辺母細胞からシグナルを受容し，孔辺母細胞を挟んで2
つの副細胞を形成する（3）．なお，孔辺母細胞から受け取るシグナルの実体
については後述する（7.2.4 項参照）．孔辺母細胞は中央から1回だけ対称分
裂し，一対の孔辺細胞を生じる．このとき，孔辺細胞は腎臓型である（4）．
孔辺細胞と副細胞が成熟し，亜鈴型孔辺細胞と二等辺三角形の副細胞を形成
する（5）．孔辺細胞の分化と成熟には OsFAMA が寄与する．

　亜鈴型孔辺細胞は腎臓型から進化したと思われる．その証拠の一端は，気
孔の形成過程からもうかがえる．イネ科植物の気孔は，その発生過程で腎臓
型の孔辺細胞を経たのち典型的な亜鈴型に成熟する[7-9]（図7.4）．孔辺細胞が

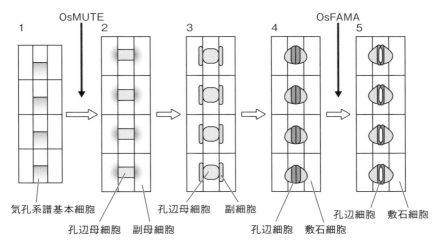

図 **7.3**　**イネ型気孔の形成**
（Peterson *et al.*, 2010 より改変）

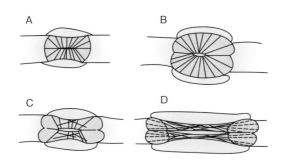

図 **7.4**　**イネ型気孔の発生過程における孔辺細胞の形状変化と
表層微小管の配向の模式図**
（Palevitz, 1981 より）

腎臓型を示す分化の途中段階では，表層微小管は気孔の中心から放射状に伸
びており（図 7.4A,B），亜鈴型に形状変化すると長軸方向に再配置され，そ
の微小管に沿ってセルロース微繊維が形成される（図 7.4C,D）.

7.2　進化したイネ型気孔

　約 7000 万年前，亜鈴型孔辺細胞をもつ植物群が熱帯林の林床に生まれ，すぐれた気孔応答能によって，高い水利用効率と高い光合成能を備えることになった．イネ科はその代表である．これらの新たに出現した植物群は，生産力の増大と生育領域の拡大によって，広範な地域の環境と動植物相に変革をもたらした[7-10]．とりわけ，地球が乾燥期に入った 3000 ～ 4500 万年前には非常に多くの種類に多様化し，光の良く当たる開けた乾燥地から，森林や高山，熱帯から寒冷地まで，様々な環境に棲息場所を広げた．牧草を食べる動物が多様化する直前の，C_4 植物が著しく増加する時期より前のことである．イネ型気孔をもつ植物が農地の 4 分の 3 を占めているのは，すぐれた気孔応答能の反映である．

7.2.1　イネ型気孔における副細胞の役割

　分岐年代の異なる植物の中で，イネ科パンコムギの気孔は他の植物種に比べて圧倒的に優れた応答能をもっていた（3.8 節参照）．イネ型気孔を備えた植物，イネ，コムギ，オオムギ，トウモロコシ，サトウキビなどが生み出す穀物が，人類の摂取カロリーの 70％ に達するのはその反映である[7-10]．イネ型気孔は，亜鈴型孔辺細胞に副細胞を備え，光や乾燥など多くの環境変化に対して格段に速く応答する．

　腎臓型孔辺細胞のダイズと亜鈴型孔辺細胞のサトウキビの気孔を例にあげよう．気孔の開口速度の目安として，開口を始めて最大開度の 50％ に至るまでの時間（$To_{1/2}$），気孔の閉鎖速度の目安として閉鎖を始めて 50％ 閉鎖に至るまでの時間（$Tc_{1/2}$）で示そう．$To_{1/2}$ は，ダイズで 13 分，サトウキビで 2 分，$Tc_{1/2}$ はダイズで 9 分，サトウキビで 2.5 分であった．サトウキビはダイズに比べて気孔の開・閉速度がそれぞれ 5 倍程度速かった．多くのイネ科植物では，気孔が 2 ～ 10 分で開口するのに，双子葉植物では 20 ～ 40 分であった．イネ型気孔の速い開口は，気孔の構造や孔辺細胞の形の違いに加えて，孔辺細胞の体積が腎臓型に比べて小さいことも寄与している[7-11]．

　K. Raschke らの古典的な研究は，イネ型気孔における孔辺細胞と副細胞

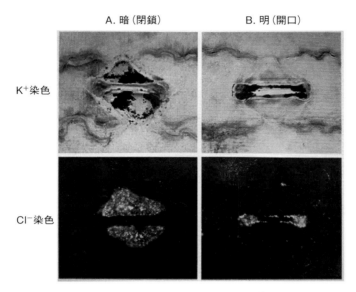

図7.5　トウモロコシの孔辺細胞と副細胞における K⁺と Cl⁻の蓄積
A：閉鎖した気孔．B：開口した気孔．
K⁺はコバルト亜硝酸塩で，塩化物イオンは硝酸銀で染色した．
(Raschke & Fellows, 1971 より)

のあいだの K⁺と Cl⁻の往復輸送を示した[7-12]．トウモロコシ葉の閉鎖した
気孔では K⁺と Cl⁻が副細胞に蓄積しており，気孔が開口すると両イオンと
も孔辺細胞に蓄積した（図7.5）．気孔が閉鎖すると両イオンは副細胞に戻っ
た．両細胞に含まれる K⁺と Cl⁻の総量に変化はなく，開口時にはイオンが
副細胞から孔辺細胞に，閉鎖時には孔辺細胞から副細胞に，移動することが
わかる．

　したがって，副細胞と孔辺細胞に含まれるイオンだけで気孔開閉に十分で
あり，このことは，水に浮かべたトウモロコシ表皮の気孔が，光照射で開口
することからも確認される[7-13]．それに対して，ツユクサやソラマメでは，
気孔開口には水への K⁺の添加が必須である．

　孔辺細胞と副細胞間のイオンの往復は，迅速な気孔開閉の鍵になる．亜鈴
型孔辺細胞と副細胞間の細胞壁は 0.1 μm ほどの薄いもので，両細胞間のイ

オンの移動は容易である．加えて，気孔が 1 µm 開くのにソラマメでは孔辺
細胞当たり 0.2 pmol の K$^+$を要するのに，トウモロコシでは 0.04 pmol の K$^+$
ですむ[7-14]（表 4.2）．このことが可能になるのは，トウモロコシやコムギで
は亜鈴型孔辺細胞の膨圧上昇と副細胞の膨圧低下が同時に起こり，さらに，
孔辺細胞の体積が小さいからである[7-11, 7-15]．

　ここで，トウモロコシとソラマメの気孔開閉の違いをまとめよう．トウモ
ロコシでは副細胞に高濃度の K$^+$が蓄積し，気孔は閉鎖している．光が当た
ると，副細胞の K$^+$が亜鈴型孔辺細胞に移行，蓄積し，膨圧の増大，孔辺細
胞の両端球状部の反発が起こり，気孔は開口する．このとき，副細胞の膨圧
は低下する．光を消すと K$^+$が孔辺細胞から副細胞に移行し，孔辺細胞の膨
圧低下と副細胞の膨圧上昇が同時に起こり，気孔が閉鎖する．こうして，孔
辺細胞と副細胞の膨圧がシーソーのように互いに逆方向に変化することに
よって，開・閉速度が加速する（図 7.6A）．

　それに対して，ソラマメの腎臓型孔辺細胞では，まわりの表皮細胞から
K$^+$の移行，蓄積，膨圧の増大が起こり，孔辺細胞の湾曲，表皮細胞への割
り込みにともない，気孔が開口する．表皮細胞の K$^+$濃度は低く，大きな濃
度勾配に逆らって K$^+$を取り込む必要がある．光を消すと孔辺細胞に蓄積し

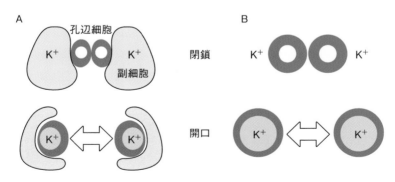

図 7.6　トウモロコシとソラマメ気孔の開閉の模式図
気孔開閉時の横断面を示す．
A：気孔開閉時のトウモロコシの亜鈴型孔辺細胞と副細胞．
B：気孔開閉時のソラマメの腎臓型孔辺細胞．
（Chen *et al.*, 2017 より）

たK$^+$が表皮細胞に移行し，気孔が閉鎖する．表皮細胞の体積は大きく膨圧はほとんど変化しない．その結果，ソラマメの気孔開閉はトウモロコシよりずっと遅くなる（図7.6B）.

ここで注意が必要である．これまで，孔辺細胞や副細胞，表皮細胞のK$^+$濃度をふまえて，イオン輸送を議論してきた．しかし，実際には副細胞や表皮細胞のK$^+$は，いったん，まわりの細胞壁（アポプラスト）に流出し，そこから，孔辺細胞に取り込まれる．あるいは孔辺細胞から細胞壁に流出し，副細胞や表皮細胞に取り込まれる．したがって，細胞壁の濃度が重要で，細胞内のK$^+$濃度がそのまま反映されるわけではない．しかし，細胞壁におけるK$^+$やCl$^-$などの正確な濃度は不明なので，代わりに関与する細胞内の濃度を用いた．

7.2.2 イネ型気孔副細胞のイオン輸送

イネ型気孔では，孔辺細胞と副細胞のあいだで陰・陽両イオンの往復輸送が起きる．副細胞は，開口時にはイオンを流出させ，閉鎖時には取り込む[7-10]．しかし，副細胞のイオン輸送体やその制御機構の解明は不十分である．ここでは，比較的研究の進んだトウモロコシの例を紹介しよう．

その前に，トウモロコシの孔辺細胞について述べておこう．トウモロコシの孔辺細胞には，気孔開閉に関与するイオン輸送体や情報伝達体のすべてが備わっている．フォトトロピン，細胞膜H$^+$-ATPase，K$^+_{in}$とK$^+_{out}$チャネル，ABA受容体（PYR/PYL/RCAR），PP2C，SnRK2.6，SLAC1が発現している[7-11]．また，気孔は青色光に応答して開口し，ABAにより閉鎖する．

これらのイオン輸送体や情報伝達体は腎臓型孔辺細胞のものと同様な働きをするだろう．例えば，イネの孔辺細胞H$^+$-ATPaseは青色光によりC末端のスレオニンのリン酸化によって活性化され，細胞膜H$^+$-ATPaseの変異体は青色光に対して開口しにくくなった．この特質は双子葉植物の腎臓型孔辺細胞の細胞膜H$^+$-ATPaseと同じであった[7-16]．

一方，トウモロコシの副細胞にはK$^+_{in}$とK$^+_{out}$チャネルが発現し，それぞれ，過分極によりK$^+$を取り込み，脱分極によりK$^+$を流出した[7-17,7-18]．つまり，副細胞のK$^+$チャネルは孔辺細胞のものと同じ電位依存性を示した．陰イオ

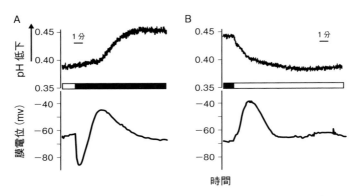

図 7.7　トウモロコシ副細胞の細胞質 pH と膜電位の明暗転移に対する応答
A：明から暗に転移したとき，細胞質 pH は低下し，膜電位は一過的な過分極を示した．
B：暗から明に転移したとき，細胞質 pH は上昇し，膜電位は一過的な脱分極を示した．細胞質 pH は pH 感受性の蛍光色素 BCECF を用いて，膜電位はガラス電極を用いて，同時測定した．（Mumm *et al.*, 2011 より改変）

ンチャネルも存在し，このチャネルは孔辺細胞のものとは異なり Ca^{2+} に阻害され，高 pH で活性が促進された[7-19]．

　気孔開閉における役割を考慮すると，副細胞は孔辺細胞と逆向きのイオン輸送が必要である．副細胞に孔辺細胞と同様の性質をもつ K^+ チャネルが存在することをふまえると，副細胞は気孔開口時には脱分極，閉鎖時には過分極することが想定される（4，5 章参照）．加えて，気孔開口時の副細胞の pH 上昇（K^+_{out} と陰イオンチャネルの活性化）と閉鎖時の pH 低下が想定される[7-20]．このような応答が起これば，気孔開口時には副細胞からのイオンの流出，閉鎖時にはイオンの取り込みが期待される．

　実際，期待された応答がトウモロコシの副細胞で起きた．消灯（明 - 暗）による一過的な過分極と pH 低下（図 7.7A），光（暗 - 明）による脱分極と細胞質の pH 上昇（図 7.7B）が見られた[7-19]．以上を総合すると，気孔閉鎖時には副細胞にイオンの蓄積をもたらす膜電位や pH 変化，気孔開口時には副細胞からイオンを流出する変化が起きている．

7.2.3 副細胞を欠失したイネ型気孔の応答能

ゲノムサイズが小さくライフサイクルの短いイネ科のモデル植物，ミナト カモジグサ（*Brachypodium distachyon*）の副細胞を欠いた変異体 *sid*（*subsidiary cell identity defective*）が選抜され，この変異体を用いて副細胞の役割が調べ られた[7-21]．*sid* 変異体の孔辺細胞は亜鈴型から腎臓型に変化し（図7.8），気 孔の開口部面積とガス交換能は野生型の半分に低下した．野生型の気孔が光 に応答して迅速に開口し，消灯後直ちに閉鎖を始めるのに，*sid* 変異体の気 孔は光応答が遅く，消灯後もゆっくり閉鎖し，成長は野生型の70％に低下 した．

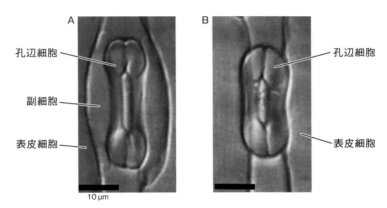

図7.8　イネ科植物ミナトカモジグサの副細胞を欠失した *sid* 変異体
A：野生型．B：*sid* 変異体．（Raissig *et al.*, 2017 より改変）

7.2.4 イネ型気孔の副細胞の形成

副細胞の欠失は，気孔の開閉機能のみならず，成長にも大きな障害をもた らした．ミナトカモジグサの迅速かつ大きな気孔開口能には，亜鈴型孔辺細 胞に加えて副細胞の寄与が大きい．この植物で副細胞の形成されない *sid* 変 異の原因遺伝子として *BdMUTE* が同定された[7-21]．これを手がかりに，副 細胞の形成機構のヒントが得られた．

BdMUTE の相同遺伝子はシロイヌナズナの *AtMUTE* である．しかし， シロイヌナズナには副細胞は形成されない（図7.1，図7.3）．*BdMUTE* と

AtMUTE の違いは何であろうか？　この 2 つの遺伝子の違いは，BdMUTE タンパク質が原形質連絡を通過したのに，AtMUTE タンパク質は通過できなかったことである．BdMUTE は孔辺母細胞で作られたあと，原形質連絡を通って副母細胞に移行した．副母細胞における BdMUTE の存在が，副細胞の形成に重要な役割を果たしている．イネ科植物では，MUTE タンパク質が孔辺母細胞から副母細胞への移動能を獲得し，副細胞の形成を担ったことになる．しかし，その機能については不明のままである．

7.3　トウモロコシとイネの気孔の働き

イネ型気孔をもつ植物の代表はトウモロコシとイネである．この 2 種の植物は，亜鈴型孔辺細胞を有し，強光下で盛んに生育する点で共通している．しかし，生育環境は大きく異なり，トウモロコシは比較的乾燥した畑地に，イネは水が豊かな水田に生育している．同じ型の気孔をもつ植物が，それぞれの生育環境に適応した例として，トウモロコシとイネを取り上げる．

7.3.1　トウモロコシは C_4 回路を備えた

イネ科植物は，すばやい気孔開閉能を備えている．この特長に加え，より効果的に CO_2 を取り込み，水消費を抑える機構を獲得した例が，トウモロコシやサトウキビである．CO_2 は葉内外の濃度差に沿って取り込まれるので，大きな濃度差が形成されれば，より効果的に CO_2 を取り込むことができる．それを実現したのが，C_4 光合成経路（コラム 1.2）の獲得である．

トウモロコシには，CO_2 に親和性の高い PEPC（phosphoenolpyruvate carboxylase：ホスホエノールピルビン酸カルボキシラーゼ）が備わっており，CO_2（HCO_3^-）を効果的に捉える．そのため C_4 植物では *Ci* が低くなり，外気の CO_2 が 415 ppm の場合，*Ci* は 100 〜 150 ppm 前後になり，CO_2 取り込み速度が大きい．一方，C_3 植物では Rubisco の CO_2 への親和性が低く，外気の CO_2 濃度が 415 ppm の場合，*Ci* は 250 〜 300 ppm までしか下がらない．こうして，トウモロコシは，気孔を大きく開かなくても CO_2 を迅速に取り込むことができ，高い水利用効率と高い光合成能をもつ植物の代表となった．Rubisco は CO_2 濃度が現在より 100 倍以上も高い 30 億年前に誕生し，CO_2

濃度が圧倒的に低い現在の環境ではその機能を発揮できない.

つまるところ, 亜鈴型孔辺細胞の気孔と, そののち誕生した C_4 回路の, 両方を具備したサトウキビやトウモロコシは, 強光の当たる, 高温で半乾燥地に適応した生産力の高い植物と言えよう. サトウキビやトウモロコシが栽培植物として選択されたのは理由のあることである [7-22].

7.3.2 イネの葉面は気孔密度が高い

トウモロコシやサトウキビに匹敵するのがイネである. イネは, C_3 光合成を行い, 湿潤な亜熱帯, あるいは, 温暖な地域で栽培される. イネの気孔は, 茎や根が水没する通常の植物には生存困難な環境での生育と, 高い生産性と旺盛な成長に, 必須の役割を果たしている.

イネは 7000 万年前に, 熱帯の湿地, あるいは, 沼沢地に出現し, 幅広い環境に適応, 分化した. 祖先の特徴を受け継ぎ, 一年のある期間, 冠水状態になる地帯に生育し, 栽培イネ(*Oryza sativa*)は茎の一部と根が水に浸かったまま水田で成長する. このような環境では, 多くの植物が酸素不足による根腐れを起こす. イネでは, 葉面の気孔密度がトウモロコシの 5 倍に達し, 気孔と根をつなぐ通気組織を発達させ, 多数の気孔から酸素を送り込み, 根腐れを防いでいる. イネの通気組織はトウモロコシの 4 倍の効率を示し, 酸素の運搬が容易である [7-23].

イネの葉は薄く, 小型の葉肉細胞が細胞間隙に接しているので, CO_2 が葉緑体に短時間で到達し, 高い光合成速度を維持できる [7-23]. さらに, 気孔を常時開口することにより, 根を発達させ, 養分の吸い上げと成長を促進している. 一方, 比較的寒冷な地域で栽培される品種や畑地に作られる陸稲では, 気孔数を減少させ葉温の低下を抑え, 寒冷や乾燥に適応している.

イネも葉まで水没すると生存できない. バングラデシュなどの洪水多発地帯の"浮きイネ"は, 急激に草丈を伸ばし, 水面から葉を出し生き延びる. 一日ごとに水位を上げると, 草丈を伸ばし, 葉を空中に出す(図 7.9). 草丈が数メートルに至ることも珍しくなく, 空中の葉から酸素を取り入れる. ジベレリン合成酵素は, 茎の伸長を促し, この酵素を欠失するとイネは矮化した [7-24]. 浮きイネには伸長促進と抑制の両因子があり, 水没により促進因子

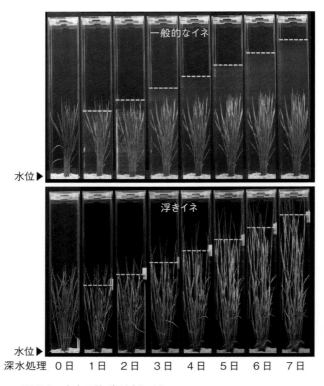

図 7.9　**水中で伸びる浮きイネ**
通常のイネ（上）と浮きイネ（下）の成長を比較した．深水
処理は 1 日目からはじめ，破線まで水を加えた．そののち，
毎日 10 cm 水位（破線）を上昇させると，浮きイネは伸び，
葉の先端は常に水面より上にあった．（芦刈基行, 2021 より）

が発現する一方，抑制因子の発現が低下し，同時にジベレリンが増え，急激
な草丈伸長が起こる[7-25]．

7.4　CAM 植物の気孔

CAM（crassulacean acid metabolism：ベンケイソウ型有機酸代謝）は，
ベンケイソウ科に限らず多くの植物種に見られる．シダ植物や裸子植物，双
子葉植物，単子葉植物，ランなどに幅広く分布し，特に砂漠に生育する植物

は，この CAM 型を備えており，乾燥地帯の生態系維持に重要な役割を果たしている．

　サボテンなどの CAM 植物（コラム 1.3）の気孔は，開閉時期を昼夜逆転させることにより水消費を抑えている．しかし，昼夜逆転の気孔開閉機構は不明点が多い．夜間に Ci が低下して気孔が開くとする仮説がある．概日リズムによって CAM 代謝に重要な役割を果たす PEP カルボキシラーゼ活性が夕刻に上昇し，CO_2 がリンゴ酸に固定され Ci が低下するとされた[7-26]．

　上に述べたように，CAM 型植物の代謝は PEPC が大きな役割を果たしている（コラム 1.3）．しかし，これまで PEPC 活性を欠いた CAM 植物についての報告はなかった．ベンケイソウ科の多肉植物，カランコエ・ラクシフローラ（*Kalanchoe laxiflora*）を用いて，RNA 干渉により PEPC のイソ酵素（PP1C）の発現を抑え，その役割が調べられた[7-27]．

　野生株では，通常の CAM 型の光合成が見られ，暗中の気孔開口と CO_2 固定が起きた．RNA 干渉株では，PP1C 活性を欠いており，暗中の気孔開口，CO_2 固定，リンゴ酸の蓄積は起きず，CAM 型光合成の特質を失っていた．この RNA 干渉株では，日中の気孔開口と CO_2 固定を示し，C_3 型の光合成を示した．一方，RNA 干渉株でも野生株と同様に概日リズムに制御される多くの酵素やタンパク質は明確なリズムを刻んだ．以上のことは，PEPC が，植物の CAM 化に大きな役割を担っていることを示している．

　CAM 植物の光応答性の気孔開口は欠失しているか弱く，一方で，ABA による気孔閉鎖は強く働く．しかし，ほぼ完全な CAM 型を示す植物でも気孔の青色光応答が見られ，応答の大きさは時刻により異なっていた[7-28]．CAM 植物は単一の起源とは考えにくく，CAM への進化が類似する環境条件によって誘発された収斂進化と考えられることから，気孔応答もそれぞれの植物の進化的起源をたどらなければ解明できないだろう．概日リズムなどによる PEPC の制御機構，気孔の光応答の制御機構，気孔の Ci 感知機構など，CAM 植物には多くの解決すべき問題が残されている[7-26]．

参考文献

以下は，本書をまとめるに当たって特に参考にしたものである．

1) デイヴィッド・ビアリング (2015)『植物が出現し、気候を変えた』西田佐知子 訳, みすず書房 .
2) 伊藤元己 (2012)『植物の系統と進化』裳華房 .
3) 戸部 博・田村 実 編著 (2012)『新しい植物分類学 II』日本植物分類学会 監修, 講談社 .
4) Willmer, C., Fricker, M. (1996) "Stomata" , 2nd Ed., Chapman & Hall, London.
5) Meidner, H., Mansfield, T. A. (1968) "Physiology of Stomata", McGraw Hill, London.
6) Weyers, J., Meidner, H. (1990) "Methods in Stomatal Research", Longman Scientific & Technical, England.
7) テイツ／ザイガー編 (2015)『植物生理学・発生学』原著第 6 版, 西谷和彦・島崎研一郎 監訳, 講談社 .
8) Zeiger, E. *et al.* eds. (1987) "Stomatal Function" Stanford Univ. Press, California.
9) Franks, P. J., Farquhar, G. D. (2007) Plant Physiol., **143**: 78-87.
10) 寺島一郎 (2013)『植物の生態』裳華房 .
　　［電子補遺］https://www.shokabo.co.jp/author/5855/app5855.pdf

引用文献

1章
1-1) Stanley, S. M. (1998) "Earth System History", W. H. Freeman and Company.
1-2) 特別展「植物 地球を支える仲間たち」(2021) 國府方吾郎・三村徹郎 監修, 国立科学博物館・NHK・NHK プロモーション・朝日新聞社 .
1-3) 田近英一 （2019）『46 億年の地球史』三笠書房 .
1-4) Cheng, S. *et al.* (2019) Cell, **179**: 1057-1067.
1-5) Jiao, C. *et al.* (2020) Cell, **181**: 1097-1111.
1-6) デイヴィッド・ビアリング (2015)『植物が出現し、気候を変えた』西田佐知子 訳, みすず書房 .
1-7) 伊藤元己 (2012)『植物の系統と進化』裳華房 .
1-8) Hetherington, A. M., Woodward, F. I. (2003) Nature, **424**: 901-908.
1-9) Edwards, D. *et al.* (1992) Nature, **357**: 683-685.
1-10) 西田治文 (1998)『植物のたどってきた道』日本放送出版協会 .
1-11) Willmer, C., Fricker, M. (1996) "Stomata" 2nd Ed., Chapman & Hall, London.
1-12) Meidner, H., Mansfield, T. A. (1968) "Physiology of Stomata", McGraw Hill, London.
1-13) Edwards, D. *et al.* (1998) J. Exp. Bot., **49**: 255-278.
1-14) McElwain, J. C., Chaloner, W. G. (1995) Annals of Botany, **76**: 389-395.
1-15) Franks, P. J., Farquhar, G. D. (2007) Plant Physiol., **143**: 78-87.
1-16) Weyers, J., Meidner, H. (1990) "Methods in Stomatal Research", Longman Scientific & Technical, England.
1-17) Willmer, C. M., Sexton, R. (1979) Protoplasma, **100**: 113-124.

1-18) Lawson, T., Matthews, T. (2020) Annu. Rev. Plant Biol., **71**: 22.1-22.30.
1-19) Keely, J. E. *et al.* (1984) Nature, **310**: 694-695.
1-20) Osborne, C. P. *et al.* (2004) Proc. Natl. Acad. Sci. USA, **101**: 10360-10362.
1-21) Mora, C. I. *et al.* (1996) Science, **271**: 1105-1107.
1-22) Woodward, F. I. (1987) Nature, **327**: 617-618.
1-23) McElwain, J. C. *et al.* (1999) Science, **285**: 1386-1390.
1-24) Chen, Z. -H. *et al.* (2017) Trends Plant Sci., **22**:124-139.
1-25) Hsiao, T.C. *et al.* (1973) Plant Physiol., **51**: 82-88.
1-26) Shimazaki, K. *et al.* (2007) Annu. Rev. Plant Biol., **58**: 219-247.
1-27) Doi M., Shimazaki, K. (2008) Plant Physiol., **147**: 922-930.
1-28) 環境庁 国立公害研究所特別研究報告 (1979) 第 10 号 (R-10-'79) .
1-29) Tanaka, K. *et al.* (1982) Plant Cell Physiol., **23**: 1009-1018.
1-30) Murata, Y. *et al.* (2015) Annu. Rev. Plant Biol., **66**: 369-392.

2 章
2-1) テイツ／ザイガー編 (2015)『植物生理学・発生学』原著第 6 版，西谷和彦・島崎研一郎 監訳，講談社 .
2-2) Keely, J. E. *et al.* (1984) Nature, **310**: 694-695.
2-3) 特別展「植物 地球を支える仲間たち」(2021) 國府方吾郎・三村徹郎 監修，国立科学博物館・NHK・NHK プロモーション・朝日新聞社 .
2-4) Marin, E. *et al.* (1996) EMBO J., **15**: 2331-2342.
2-5) Hetherington, A. M., Woodward, F. I. (2003) Nature, **424**: 901-908.
2-6) Smith, W. K. (1978) Science, **201**: 614-616.
2-7) Radin, J. W. *et al.* (1994) Proc. Natl. Acad. Sci. USA, **91**: 7217-7221.
2-8) 岩槻邦男ら 監修 (1996)『週刊 朝日百科 植物の世界 126 9/22 ヒノキ』朝日新聞社 .
2-9) Seymour, R. S., Schultze-Motel, P. (1996) Nature, **383**: 305.
2-10) Zeiger, E., Schwartz, A. (1982) Science, **218**: 680-681.
2-11) Shimazaki, K. *et al.* (1980) Plant Cell Physiol., **21**: 1193-1204.
2-12) Kondo, N., Sugahara, K. (1978) Plant Cell Physiol., **19**: 365-373.
2-13) Melotto, M. *et al.* (2006) Cell, **126**: 969-980.
2-14) Murata, Y. *et al.* (2015) Annu. Rev. Plant Biol., **66**: 369-392.
2-15) Ye, W. *et al.* (2020) Proc. Natl. Acad. Sci. USA, **117**: 20932-20942.
2-16) Takahashi, F. *et al.* (2018) Nature, **556**: 235-238.

3 章
3-1) 伊藤元己 (2012)『植物の系統と進化』裳華房 .
3-2) 戸部 博・田村 実 編著 (2012)『新しい植物分類学 II』日本植物分類学会 監修，講談社 .
3-3) Chater, C. C. C. *et al.* (2017) Plant Physiol., **174**: 624-638.
3-4) Li, F-W. *et al.* (2020) Nat. Plants, **6**: 259-272.
　http://www.nature.com/natureplants
3-5) Harris, B. J. *et al.* (2020) Current Biol., **30**: 1-12.
3-6) Zeiger, E. *et al.* eds. (1987) "Stomatal Function", Stanford Univ. Press, California.
3-7) Renzaglia, K.S. *et al.* (2017) Plant Physiol., **174**: 788-797.
3-8) Pressel, S. *et al.* (2018) Annals of Botany, **122**: 45-57.

3-9) Chater, C. C. C. *et al.* (2016) Nat. Plants, 16179, DOI: 10.1038/NPLANTS.2016.179.

3-10) 嶋村正樹 (2012) 植物科学最前線 , **3**: 84-113.

3-11) Ishizaki, K. *et al.* (2013) Plant Cell, **25**: 4075-4084.

3-12) Brodribb, T. J., McAdam, S. A. M. (2017) Plant Physiol., **174**: 639-649.

3-13) Sussmilch, F. C. *et al.* (2018) New Phytol., DOI: 10.1111/nph.15593.

3-14) Edwards, D. *et al.* (1992) Nature, **357**: 683-685.

3-15) Edwards, D. *et al.* (1998) J. Exp. Bot., **49**: 255-278.

3-16) Peterson, K. M. *et al.* (2010) Plant Cell, **22**: 296-306.

3-17) Duckett, J. G., Pressel, S. (2017) Phil. Trans. R. Soc., **B 373**: 20160498.

3-18) Brodribb, T. J. *et al.* (2020) Plant J., **101**: 756-767.

3-19) Franks, P. J., Farquhar, G. D. P. (2007) Plant Physiol., **143**: 78-87.

3-20) Buckley, T. N. (2016) Plant, Cell and Environ., **39**: 482-484.

3-21) Hetherington, A. M., Woodward, F. I. (2003) Nature, **424**: 901-908.

3-22) Drake, P. L. *et al.* (2013) J. Exp. Bot., **64**: 495-505.

3-23) Tanaka, Y. *et al.* (2013) New Phytol., **198**: 757-764.

4 章

4-1) Darwin, F. (1898) Proc. R. Soc. Lond., **63**: 413-417.

4-2) von Mohl, H. (1856) Botanische Zeitung, **14**: 697-704.

4-3) Willmer, C., Fricker, M. (1996) "Stomata", 2nd Ed., Chapman & Hall, London.

4-4) Weyers, J., Meidner, H. (1990) "Methods in Stomatal Research", Longman Scientific & Technical, England.

4-5) Shope, J. C. *et al.* (2003) Plant Physiol., **133**: 1314-1321.

4-6) Lloyd, F. E. (1908) The physiology of stomata. Carnegie Institution of Washington Year Book, **82**: 1-142.

4-7) Imamura, S. (1943) Japanese J. Bot., **12**: 251-346.

4-8) Yamashita, T. (1952) Sieboldia Acta Biol., **1**: 51-70.

4-9) Fujino, M. (1967). Sci. Bull. Fac. Educ. Nagasaki Univ., **18**: 1-47.

4-10) Fischer, R. A. (1968) Science, **160**: 784-785.

4-11) 今村駿一郎 (1979)『気孔孔辺細胞の膨圧調節機構』中西印刷 .

4-12) Hsiao, T.C., Allaway, W. G. (1973) Plant Physiol., **51**: 82-88.

4-13) Ogawa, T. *et al.* (1978) Planta, **142**: 61-65.

4-14) Sharkey, T. D., Raschke, K. (1981) Plant Physiol., **68**: 1170-1174.

4-15) Zeiger, E., Hepler, P. K. （1976) Plant Physiol., **58**:492-498.

4-16) Zeiger, E., Hepler, P. K. (1977) Science, **196**: 887-889.

4-17) Schroeder, J. I. *et al.* (1984) Nature, **312**: 361-362.

4-18) Schroeder, J. I. *et al.* (1987) Proc. Natl. Acad. Sci. USA, **84**: 4108-4112.

4-19) Iino, M. *et al.* (1985) Proc. Natl. Acad. Sci. USA, **82**: 8019-8023.

4-20) Assmann, S. M. *et al.* (1985) Nature, **318**: 285-287.

4-21) Shimazaki, K. *et al.* (1986) Nature, **319**: 324-326.

4-22) Taylor, A. R., Assmann, S. M. (2001) Plant Physiol., **125**: 329-338.

4-23) Shimazaki, K. *et al.* (2007) Annu. Rev. Plant. Biol., **58**: 219-247.

4-24) Kinoshita, T., Shimazaki, K. (1999) EMBO J., **18**: 5548-5558.

4-25) Akiyama, M. *et al.* (2022) Plant Physiol., **188**: 2228-2240.

4-26) Sondergaard, T. E. *et al.* (2004) Plant Physiol., **136**: 2475-2482.

4-27) Yamauchi, S. *et al.* (2016) Plant Physiol., **171**: 2731-2743.

4-28) Ahmad, M., Cashmore, A.R. (1993) Nature, **366**: 162-165.

4-29) Huala, E. *et al.* (1997) Science, **278**: 2120-2123.

4-30) Christie, J. M. *et al.* (1998) Science, **282**: 1698-1701.

4-31) Kagawa, T. *et al.* (2001) Science, **291**: 2138-2141.

4-32) Kinoshita, T. *et al.* (2001) Nature, **414**: 656-660.

4-33) Merlot, S. *et al.* (2002) Plant J., **30**: 601-609.

4-34) Takemiya, A. *et al.* (2013) Nature Comm., | 4:2094 | DOI: 10.1038/ncomms3094.

4-35) Hayashi, M. *et al.* (2017) Scientific Reports, | 7:45586 | DOI: 10.1038/srep45586.

4-36) Takemiya, A. *et al.* (2006) Proc. Natl. Acad. Sci. USA, **103**:13549-13554.

4-37) Horrer, D. *et al.* (2016) Current Biol., **26**: 362-370.

4-38) Marten, H. *et al.* (2007) Plant J., **50**: 29-39.

4-39) Hiyama, A. *et al.* (2017) Nature Comm., | 8: 1284 | DOI: 10.1038.

4-40) Suetsugu, N. *et al.* (2014) PLOS ONE, **9**: e108374.

4-41) Mott, K. *et al.* (2008) Plant, Cell Environ., **31**: 1299-1306.

4-42) Ando, E., Kinoshita, T. (2018) Plant Physiol., **178**: 838-849.

4-43) Fujita, T. *et al.* (2019) Functional Plant Biology, DOI: 10.1071/FP18250

4-44) Doi, M. *et al.* (2015) Plant Physiol., **169**: 1205-1213.

4-45) Doi, M., Shimazaki, K. (2008) Plant Physiol., **147**: 922-930.

4-46) Hosotani, S. *et al.* (2021) Plant Cell, **33**: 1813-1827.

4-47) Gotoh, E. *et al.* (2018) J. Exp. Bot., DOI: 10.1093/jxb/ery450.

4-48) Kawai, H. *et al.* (2003) Nature, **421**: 287-290.

4-49) Brodribb, T. J., McAdam, A. M. (2017) Plant Physiol., **174**: 639-649.

4-50) Chater, C. C. C. *et al.* (2011) Current Biol., **21**:1025-1029.

4-51) Pressel, S. *et al.* (2018) Annals of Bot., **122**: 45-57.

4-52) Rensing, S. A. *et al.* (2008) Science, **319**: 64-69.

4-53) Sussmilch, F. C. *et al.* (2019) Trends in Plant Science, **24**: 342-351.

4-54) Matthews, J. S. A. *et al.* (2020) J. Exp. Bot., **71**: 2253-2269.

4-55) Takemiya, A. *et al.* (2005) Plant Cell, **17**: 1120-1127.

5 章

5-1) Marin, E. *et al.* (1996) EMBO J., **15**: 2331-2342.

5-2) MacRobbie, E. A. C. (1981) J. Exp. Bot., **32**:563-572.

5-3) Schroeder, J. I. *et al.* (1987) Proc. Natl. Acad. Sci. USA, **84**: 4108-4112.

5-4) Ache, P. *et al.* (2000) FEBS Lett., **486**: 93-98.

5-5) Czempinski, K. *et al.* (1997) EMBO J., **16**: 2565-2575.

5-6) Schroeder, J., Hagiwara, S. (1989) Nature, **338**: 427-430.

5-7) Fujino, M. (1967) Sci. Bull. Fac. Educ. Nagasaki Univ., **18**: 1-47.

5-8) Schwartz, A. (1985) Plant Physiol., **79**: 1003-1005.

5-9) Schroeder, J. I., Keller, B.U. (1992). Proc. Natl. Acad. Sci. USA, **89**: 5025-5029.

5-10) McAinsh, M. R. *et al.* (1990) Nature, **343**: 186-188.

5-11) Kinoshita, T. *et al.* (1995) Plant Cell, **7**: 1333-1342.

5-12) Kim, T-H. *et al.* (2010) Annu. Rev. Plant Biol., **61**: 561-591.

5-13) Pei, Z-M. *et al.* (2000) Nature, **406**: 731-734.

5-14) Kwak, J.M. *et al.* (2003) EMBO J., **22**: 2623-2633.

5-15) Negi, J. *et al.* (2008) Nature, **452**: 483-486.

5-16) Vahisalu, T. *et al.* (2008) Nature, **452**: 487-491.

5-17) Li, J. *et al.* (2000) Science, **287**: 300-303.

5-18) Mustilli, A-C. *et al.* (2002) Plant Cell, **14**: 3089-3099.

5-19) Yoshida, R. *et al.* (2002) Plant Cell Physiol., **43**: 1473-1483.

5-20) Geiger, D. *et al.* (2009) Proc. Natl. Acad. Sci. USA, **106**: 21425-21430.

5-21) Umezawa, T. *et al.* (2010) Plant Cell Physiol., **51**: 1821-1839.

5-22) Leung, J. *et al.* (1994) Science, **264**: 1448-1452.

5-23) Meyer, *et al.* (1994) Science, **264**: 1452-1455.

5-24) Gosti, F. *et al.* (1999) Plant Cell, **11**: 1897-1909.

5-25) Umezawa, T. *et al.* (2009) Proc. Natl. Acad. Sci. USA, **106**: 17588-17593.

5-26) Kim, T-H. *et al.* (2010) Annu. Rev. Plant Biol., **61**: 561-591.

5-27) Ma, Y. *et al.* (2009) Science, **324**: 1064-1068.

5-28) Park, S. *et al.* (2009) Science, **324**: 1068-1071.

5-29) Melcher, K. *et al.* (2009) Nature, **462**: 602-608.

5-30) Miyazono, K. *et al.* (2009) Nature, **462**: 609-614.

5-31) Takahashi, Y. *et al.* (2019) Nature Comm., DOI: 10.1038/s41467-019-13875-y.

5-32) Inoue, S., Kinoshita, T. (2017) Plant Physiol., **174**: 531-537.

5-33) Hsu, P-K. *et al.* (2021) Plant J., **105**: 307-321.

5-34) Chater, C. C. C. *et al.* (2011) Current Biol., **21**: 1025-1029.

5-35) Ruszala, E.M. *et al.* (2011) Current Biol., **21**: 1030-1035.

5-36) Sun, Y. *et al.* (2019) Proc. Natl. Acad. Sci. USA, **116**: 24892-24899.

5-37) Jahan, A. *et al.* (2019) Plant Physiol., **179**: 317-328.

5-38) Bowman, J.L. *et al.* (2017) Cell, **171**: 287-304.

5-39) Hori, K. *et al.* (2014) Nature Comm., | 5:3978 | DOI: 10.1038/ncomms4978.

5-40) Li, F-W. *et al.* (2020) Nat. Plants, **6**: 259-272. https:// www.nature.com/natureplants

5-41) Harris, B. J. *et al.* (2020) Current Biol., **30**: 1-12.

5-42) Brodribb, T.J., McAdam, A.M. (2017) Plant Physiol., **174**: 639-649.

5-43) McAdam, S.A.M., Brodribb, T.J. (2012) Plant Cell, **24**: 1510-1521.

5-44) Sussmilch, F.C. *et al.* (2017) J. Exp. Bot., **68**: 2913-2918.

5-45) Takahashi, F. *et al.* (2018) Nature, **556**: 235-238.

5-46) Edwards, D. *et al.* (1998) J. Exp. Bot., **49**: 255-278.

5-47) Renzaglia, K. S. *et al.* (2017) Plant Physiol., **174**: 788-797.

5-48) Chater, C. C. C. *et al.* (2016) Nat. Plants, | 2:16179 | DOI: 10.1038/NPLANTS.2016.179.

5-49) McAdam, S. A. *et al.* (2021) Am. J. Bot., **108**: 366-371.

5-50) Brodribb, T.J. *et al.* (2020) Plant J., **101**: 756-767.

5-51) Clark, J.W. *et al.* (2022) Current Biol., **32**: R539-R553.

5-52) Sussmilch, F.C. *et al.* (2019) Trends in Plant Science, **24**: 342-351.

5-53) Lind, C. *et al.* (2015) Current Biol., **25**: 928-935.

5-54) McAdam, S. A. *et al.* (2016) Proc. Natl. Acad. Sci. USA, **113**: 12862-12867.

6章

6-1) Willmer, C., Fricker, M. (1996) "Stomata", 2nd Ed., Chapman & Hall, London.

6-2) Hashimoto, M. *et al.* (2006) Nature Cell Biol., **8**: 391-399.

6-3) Hashimoto-Sugimoto, M. *et al.* (2016) J. Exp. Bot., **67**: 3251-3261.

6-4) Horak, H. *et al.* (2016) Plant Cell, **28**: 2493-2509.

6-5) Hu, H. *et al.* (2010) Nature Cell Biol., **12**: 87-93.

6-6) Toldsepp, K. *et al.* (2018) Plant J., **96**: 1018-1035.

6-7) Hiyama, A. *et al.* (2017) Nature Comm., | 8: 1284 | DOI: 10.1038.

6-8) Uehlein, N. *et al.* (2003) Nature, **425**: 734-738.

6-9) Wang, C. *et al.* (2016) Plant Cell, **28**: 568-582.

6-10) Zhang, J. *et al.* (2018) Current Biol., **28**: R1356-R1363.

6-11) Takahashi, Y. *et al.* (2022) Sci. Adv., **8**: eabq6161.

6-12) Merlot, S. *et al.* (2007) EMBO J., **26**, 3216-3226.

6-13) Ando, E. *et al.* (2022) New Phytol., **236**: 2061-2074.

6-14) Dubeaux, G. *et al.* (2021) Plant Physiol., **187**: 2032-2042.

6-15) Sussmilch, F. C. *et al.* (2019) Trends in Plant Science, | 24: 342-351 | DOI: 10.1016/
j.tplants.2019.01.002.

6-16) Doi, M., Shimazaki, K. (2008) Plant Physiol., **147**: 922-930.

6-17) Brodribb, T. J., McAdam, S.A.M. (2013) PLOS ONE, **8**: e82057.

6-18) Inoue, S., Kinoshita, T. (2017) Plant Physiol., **174**: 531-538.

6-19) Takahashi, Y. *et al.* (2013) Sci. Signal., **6**: ra48.

6-20) Woodward, F. I., Kelly, C. K. (1995) New Phytol., **131**: 311-322.

6-21) Sugano, S. S. *et al.* (2010) Nature, **463**: 241-244.

6-22) Kondo, T. *et al.* (2010) Plant Cell Physiol., **51**: 1-8.

6-23) Willmer, C. M. (1983) "Stomata", Longman.

6-24) Assmann, S., Zeiger, E. (1985) Plant Physiol., **77**: 461-464.

6-25) Shimazaki, K. *et al.* (1989) Plant Physiol., **90**: 1057-1064.

6-26) Suetsugu, N. *et al.* (2014) PLOS ONE | 9: e108374. | DOI: 10.1371/journal.
pone.0108374.

6-27) Lawson, T., Matthews, J. (2020) Annu. Rev. Plant Biol., **71**: 22.1-22.30.

6-28) Horrer, D. *et al.* (2016) Current Biol., **26**: 362-370.

6-29) Kim, T-H. *et al.* (2010) Annu. Rev. Plant Biol., **61**: 561-591.

6-30) Zhang, X. *et al.* (2001) Plant Physiol., **126**: 1438-1448.

6-31) Iwai, S. *et al.* (2019) Plant Direct, DOI: 10.1002/pld3.137.

6-32) Mawson, B. T. (1993) Planta, **191**: 293-301.

6-33) MacRobbie, E. A. C. (2000) Proc. Natl. Acad. Sci. USA, **97**: 12361-12368.

6-34) Shope, J. C. *et al.* (2003) Plant Physiol., **133**: 1314-1321.

6-35) Tanaka, Y. *et al.* (2007) Plant Cell Physiol., **48**: 1159-1169.

6-36) Barragan, V. *et al.* (2012) Plant Cell, **24**: 1127-1142.

6-37) Eisenach, C., De Angeli, A. (2017) Plant Physiol., **174**: 520-530.

6-38) Palevitz, B. A., Hepler, P.K. (1976) Planta, **132**: 71-93.

6-39) Lahav, M. *et al.* (2004) Plant Cell Physiol., **45**: 573-582.

6-40) Wang, P. *et al.* (2023) Plant Cell, **35**: 260-278.

6-41) Fukuda, M. *et al.* (1998) Plant Cell Physiol., **39**: 80-86.

7 章

7-1) Chater, C. C. C. *et al.* (2016) Nat. Plants, | 2: 16179 | DOI:10.1038/NPLANTS2016.179.

7-2) Sack, F. D., Paolillo, D. J. (1985) Am. J. Bot., **72**: 1325-1333.

7-3) Peterson, K. M. *et al.* (2010) Plant Cell, **22**: 296-306.

7-4) 嶋田知生ら (2011) 光合成研究, **21**: 39-44.

7-5) Yang, M., Sack, F. D. (1995) Plant Cell, **7**: 2227-2239.

7-6) Sugano, S. S. *et al.* (2010) Nature, **463**: 241-244.

7-7) Lee, J. S. *et al.* (2015) Nature, **522**: 439-443.

7-8) Raissig, M. T. *et al.* (2016) Proc. Natl. Acad. Sci. USA, **113**: 8326-8331.

7-9) Palevitz, B. A. (1981) "Stomatal Physiology", Jarvis, P. G., Mansfield, T. A. eds., Cambridge University Press.

7-10) Hetherington, A. M., Woodward, F. I. (2003) Nature, **424**: 901-908.

7-11) Chen, Z-H. *et al.* (2017) Trends Plant Sci., **22**: 124-139.

7-12) Raschke, K., Fellows, M. P. (1971) Planta, **101**: 296-316.

7-13) Pallaghy, C. K. (1971) Planta, **101**: 287-295.

7-14) Willmer, C., Fricker, M. (1996) "Stomata", 2nd Ed., Chapman & Hall, London.

7-15) Franks, P. J., Farquhar, G. D. (2007) Plant Physiol., **143**: 78-87.

7-16) Toda, Y. *et al.* (2016) Plant Cell Physiol., **57**: 1220-1230.

7-17) Majore, I. *et al.* (2002) Plant Cell Physiol., **43**: 844-852.

7-18) Wolf, T. *et al.* (2006) Plant Cell Physiol., **47**: 1372-1380.

7-19) Mumm, P. *et al.* (2011) Plant Cell Physiol., **52**: 1365-1375.

7-20) Blatt, M. R., Armstrong, F. (1993) Planta, **191**: 330-341.

7-21) Raissig, M. T. *et al.* (2017) Science, **355**: 1215-1218.

7-22) デイヴィッド・ビアリング (2015)『植物が出現し、気候を変えた』西田佐知子 訳, みすず書房 .

7-23) 角田重三郎 (1984) 化学と生物 , **22**: 688-694.

7-24) Kuroha, T. *et al.* (2018) Science, **361**: 181-186.

7-25) Nagai, K. *et al.* (2020) Nature, **584**: 109-114.

7-26) Males, J., Griffiths, H. (2017) Plant Physiol., **174**: 550-560.

7-27) Boxall, S. F. *et al.* (2020) Plant Cell, **32**: 1136-1160.

7-28) Gotoh, E. *et al.* (2019) J. Exp. Bot., **70**: 1367-1374.

索　引

著者略歴

しまざき けんいちろう
島崎 研一郎

1949 年　福岡県久留米市に生まれる
1973 年　九州大学理学部生物学科卒業
1975 年　九州大学大学院理学研究科生物学専攻修士課程修了
1976 年　環境庁国立公害研究所　研究員
1984 年　米国スタンフォード大学　博士研究員
1989 年　九州大学教養部助教授
1995 年　九州大学理学部教授
1999 年　九州大学大学院理学研究科教授
2015 年より九州大学名誉教授　理学博士

主な著書

『テイツ / ザイガー 植物生理学・発生学 原著第 6 版』（講談社，2017 年，監訳）
"Light Sensing in Plants"（シュプリンガー，2005 年，編著）

新・生命科学シリーズ　気 孔 —陸上植物の繁栄を支えるもの—

2023 年 8 月 25 日　第 1 版 1 刷発行

検 印
省 略

定価はカバーに表示してあります.

著 作 者　　　島 崎 研 一 郎
発 行 者　　　吉 野 和 浩
発 行 所　　東京都千代田区四番町 8-1
　　　　　電 話　　03-3262-9166（代）
　　　　　郵便番号 102-0081
　　　　　株式会社 裳 華 房
印 刷 所　　株式会社 真 興 社
製 本 所　　牧製本印刷株式会社

一般社団法人
自然科学書協会会員

ISBN 978-4-7853-5875-4